コーチと入試対策！ 10日間 完成

中学3年間の総仕上げ
数学

この本のコーチ
・ハプニングにも動じない。
・帽子のコレクション多数。
・日々の散歩は欠かせない。

付録
● 入試チャレンジテスト
「解答と解説」の前についている冊子
● 応援日めくり

0日目 コーチとの出会い

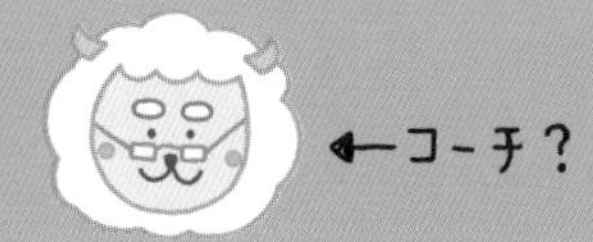

スポッ
!!
え

そこのきみ！ちょうどよかったーー！
その帽子，わしのなんだ～～！
わぁ
!!

え…ひつじ？
しゃべるひつじ!?!?
ありがとなー
ど，どうぞ…
コレおきにいり
なんだよ

帽子の
お礼に
いいものを
あげよう！

テッテレー
つのでガード
入試が
不安な
きみたちには
コレ!!

コーチと入試対策！
10日間完成
中学3年間の総仕上げ
数学？
タイトル
そのまま
読む
2人…

そう！その名のとおり，たった10日間で
中学3年間の数学を総仕上げ
できるんだ!!!
コーチの
わしと
一緒に
そんなうまい話…あるかな…？

そのヒミツは…？
たべてる!!
ムシャ
ムシャ
コレ，実は
食べられる
紙なのだ
めくってね！

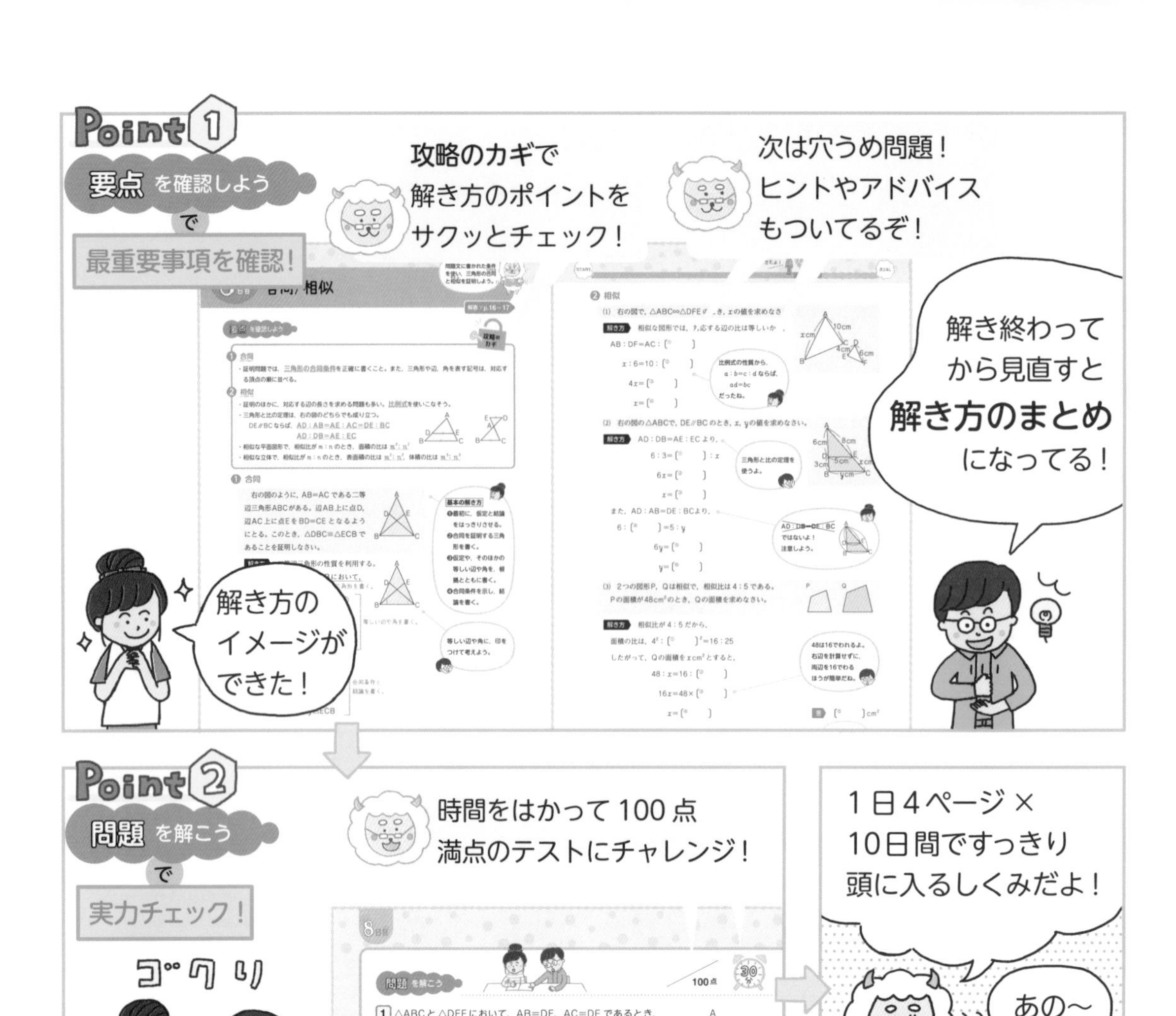
Point 1
要点を確認しよう
で
最重要事項を確認！
攻略のカギで
解き方のポイントを
サクッとチェック！
次は穴うめ問題！
ヒントやアドバイス
もついてるぞ！
解き終わって
から見直すと
解き方のまとめ
になってる！
解き方の
イメージが
できた！

Point 2
問題を解こう
で
実力チェック！
時間をはかって100点
満点のテストにチャレンジ！
ゴクリ
1日4ページ×
10日間ですっきり
頭に入るしくみだよ！
あの～
えっへん
答え合わせでまちがえ
たとき，解説を読んで
もわからないことが
あるんだけど…。
わかる！
問題集
あるあるだね！
Point 3
みやすい！くわしい！解答解説!!
途中の式まで
かいてある！
こっ…
ここにも
解説っっ
Point 4
点数を
記録して
弱点を発見！
ふりかえり
シート
もあるよ！
10日間ふりかえりシ

Point 6
日めくりもあるよ！
コトリ…
エー カワイイ

1日4ページ

定理や公式をチェック！
「重要事項のまとめ」

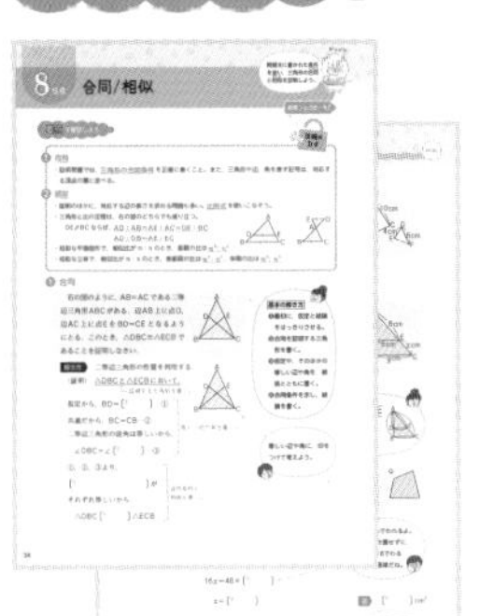

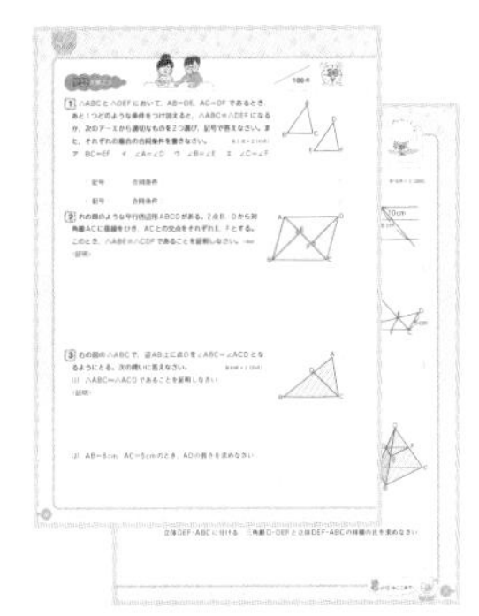

その日のうちに

「応援日めくり」

模擬テスト
「入試チャレンジテスト」

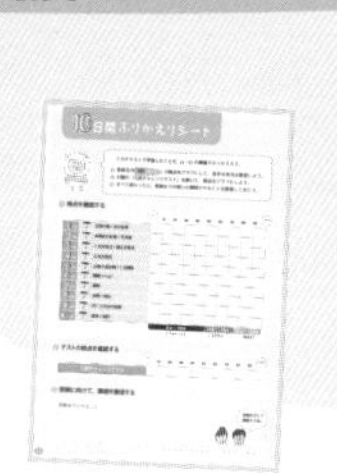

「ふりかえりシート」

1日目 正負の数/式の計算

計算問題が中心だよ。すばやくミスなく解けるように練習しよう。

解答 > p. 2 ～ 3

要点を確認しよう

1 正負の数

・四則(しそく)の混じった式は，**累乗(るいじょう)・かっこの中→乗法(じょうほう)・除法(じょほう)→加法(かほう)・減法(げんぽう)**の順に計算する。

2 式の計算

・数×多項式…**分配法則(ぶんぱいほうそく)**を使ってかっこをはずす。$m(a+b)=ma+mb$

・単項式(たんこうしき)の乗除…乗除の混じった式は**分数の形**にして計算する。$a\times b\div c=\dfrac{ab}{c}$

1 正負の数

(1) $2-(+3)+(-7)-(-4)$ を計算しなさい。

かっこをはずす。

$=2-3-7$〔①　　〕

項の順番を入れかえる。

$=2+4-3$〔②　　〕

正の項の和，負の項の和をそれぞれ求める。

$=6-$〔③　　〕

$=$〔④　　〕

かっこをはずすとき，符号に注意しよう。

・$-(+●)=-●$

・$-(-●)=+●$

(2) $-5+(-3)^2\times2$ を計算しなさい。

まず累乗を計算。

$=-5+$〔①　　〕$\times2$

次に乗法を計算。

$=-5+$〔②　　〕

最後に加法を計算。

$=$〔③　　〕

$(-●)^2$ と $-●^2$ のちがいに注意しよう。

・$(-3)^2=(-3)\times(-3)$

・$-3^2=-(3\times3)$

(3) 84を素因数(そいんすう)分解しなさい。

解き方 自然数を素数(そすう)だけの積で表すことを素因数分解するという。

```
     2 ) 84
〔①　〕) 42
〔②　〕) 21
         7
```

素数で順にわっていく。

素数とは，1とその数のほかに約数がない自然数のことだよ。ただし，1は素数にふくめないよ。たとえば，2の約数は1と2だけ，7の約数は1と7だけだから，2も7も素数だね。

答 84＝〔③　　〕^{2}×〔④　　〕×7

❷ 式の計算

(1) $2(6a+b)+3(a-4b)$ を計算しなさい。

分配法則を使ってかっこをはずす。

$=$〔①　　〕$+2b+3a$〔②　　〕

同類項をまとめる。

$=$〔③　　〕

同類項(どうるいこう)は，文字の部分が同じ項だよ。

(2) $\dfrac{x-y}{2}-\dfrac{4x-5y}{9}$ を計算しなさい。

通分する。

$=\dfrac{9(x-y)}{18}-\dfrac{〔①\quad〕(4x-5y)}{18}$

1つの分数にまとめる。

$=\dfrac{9(x-y)-2(4x-5y)}{〔②\quad〕}$

かっこをはずす。

$=\dfrac{9x-9y〔③\quad〕}{18}$

同類項をまとめる。

$=$〔④　　〕

分母が2と9の最小公倍数の18になるように通分するよ。

(3) $-8a^2\div(-6ab)\times(-3b)$ を計算しなさい。

まず符号を決めてから，かける式を分子，わる式を分母において分数の形にする。

$=-\dfrac{8a^2\times〔①\quad〕}{〔②\quad〕}$

約分する。

$=$〔③　　〕

－が3個(奇数個)だから，答えの符号は－だね。

(4) 等式 $5x-3y=9$ を y について解きなさい。

解き方 等式を変形して，$y=\sim$ の形にする。

$5x-3y=9$

5xを移項する。

$-3y=9-$〔①　　〕

両辺を－3でわる。

$y=$〔②　　〕

基本の解き方

y について解く場合

❶移項したり両辺を入れかえたりして，左辺を y の項だけにする。

❷両辺を y の係数でわる。

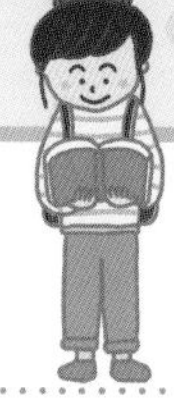

問題を解こう

100点

1 次の計算をしなさい。　各5点×6（30点）

(1) $-1-6$　（　　）

(2) $4+(-9)-(-3)$　（　　）

(3) $8\div\left(-\dfrac{2}{7}\right)$　（　　）

(4) $-5^2\times(2-4)$　（　　）

(5) $30+32\div(-2)^3$　（　　）

(6) $\left(\dfrac{3}{4}-\dfrac{5}{6}\right)\times12$　（　　）

2 次の計算をしなさい。　各5点×6（30点）

(1) $a+2+2(a-3)$　（　　）

(2) $4(5x-y)-7(3x-2y)$　（　　）

(3) $\dfrac{2x-y}{3}+\dfrac{x+2y}{4}$　（　　）

(4) $\dfrac{9}{10}a^2\times\left(-\dfrac{5}{6}ab^2\right)$　（　　）

(5) $40x^2y^2\div(-5x)\div(-8xy)$　（　　）

(6) $\dfrac{1}{2}a\times(-6b)^2\div\dfrac{18}{5}a^2b$　（　　）

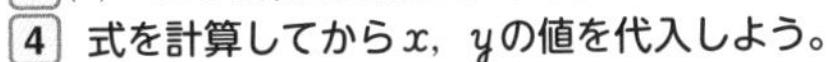

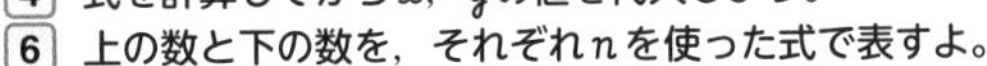

3 (2) 150を素因数分解してみよう。
4 式を計算してから x, yの値を代入しよう。
6 上の数と下の数を，それぞれnを使った式で表すよ。

3 次の問いに答えなさい。　各５点×２（10点）

(1) 90を素因数分解しなさい。

（　　　　　）

(2) $150n$が，ある自然数の２乗になるような自然数nのうち，最も小さいものを求めなさい。

（　　　　　）

4 $x=-2$, $y=\frac{1}{3}$ のとき，$8(2x-y)-(5x-2y)$ の値を求めなさい。　（５点）

（　　　　　）

5 次の等式を〔　〕の中の文字について解きなさい。　各５点×２（10点）

(1) $4x-7y+3=0$　〔x〕　　(2) $a=\frac{b+c}{2}$　〔c〕

（　　　　　）　（　　　　　）

6 右の表は，１から30までの整数を順に並べたものである。

この表で縦に並んだ３つの数を▭で囲むとき，３つの数の和は，真ん中の数の３倍になる。

たとえば，３つの数が8, 14, 20のとき，和は 8＋14＋20＝42で，これは真ん中の数14の３倍に等しい。（14×3＝42）

このことを説明した次の文の＿＿にあてはまる式を求めなさい。　各５点×３（15点）

1	2	3	4	5	6
7	8	9	10	11	12
13	14	15	16	17	18
19	20	21	22	23	24
25	26	27	28	29	30

〔説明〕

３つの数のうち，真ん中の数をnとすると，上の数は＿①＿，下の数は＿②＿と表される。

３つの数の和は，（＿①＿）＋n＋（＿②＿）＝＿③＿

したがって，３つの数の和は，真ん中の数の３倍になる。

①（　　　　　）　②（　　　　　）　③（　　　　　）

1日目はここまで！

2日目 多項式の計算／平方根

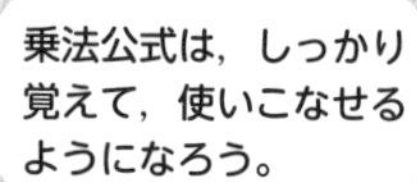

乗法公式は，しっかり覚えて，使いこなせるようになろう。

解答＞p. 4 ～ 5

要点を確認しよう

1 多項式の計算

・乗法公式 ① $(x+a)(x+b)=x^2+(a+b)x+ab$　② $(x+a)^2=x^2+2ax+a^2$

③ $(x-a)^2=x^2-2ax+a^2$　④ $(x+a)(x-a)=x^2-a^2$

2 平方根

・平方根の大小は，2乗した数で比べるとよい。$a>0$，$b>0$ で $a<b$ ならば，$\sqrt{a}<\sqrt{b}$

・平方根の計算では，根号の中の数はできるだけ小さい自然数にする。$\sqrt{a^2b}=a\sqrt{b}$

1 多項式の計算

(1) $(a+3)(b+2)$ を展開しなさい。

$=a(b+2)+$［①　　］$(b+2)$　（aと3を$b+2$にかける。）

$=$［②　　　　］　（かっこをはずす。）

$(a+3)(b+2)=ab+2a+3b+3\times2$ のように求めてもいいよ。

(2) $(x+5)^2$ を展開しなさい。

$=x^2+$［①　　］$\times5\times x+$［②　　］^{2}

$=$［③　　　　］

乗法公式②で，$a=5$ の場合だよ。

(3) $2a^2+6ab$ を因数分解しなさい。

解き方 $2a^2=2\times a\times a$，$6ab=2\times3\times a\times b$

よって，共通因数は［①　　］だから，

$2a^2+6ab=$［②　　　　］

共通因数を，すべてくくり出すよ。

(4) $x^2-7x+10$ を因数分解しなさい。

解き方 積が10，和が-7となる2数は-2と［①　　］だから，

$x^2-7x+10=$［②　　　　］

積が10	和が-7
1，10	×
-1，-10	×
2，5	×
-2，-5	○

乗法公式①の逆の計算だよ。

❷ 平方根

(1) 4と$\sqrt{15}$の大小を，不等号を使って表しなさい。

解き方 それぞれの数を2乗すると，

$4^2=16$，$(\sqrt{15})^2=$〔① 〕

16＞15だから，$\sqrt{16}$〔② 〕$\sqrt{15}$

よって，4〔③ 〕$\sqrt{15}$

基本の解き方

正の数どうしを比べる場合

❶比べる数をそれぞれ2乗して，整数にする。

❷整数の大きさを比べる。

❸❷の関係が，そのまま2乗する前の大きさの関係となる。

(2) $\dfrac{4}{3\sqrt{2}}$の分母を有理化（ゆうりか）しなさい。

$\dfrac{4}{3\sqrt{2}}=\dfrac{4\times〔①\quad〕}{3\sqrt{2}\times〔②\quad〕}$ ← 分母と分子に同じ数をかける。

$=\dfrac{〔③\quad〕}{6}$ 約分する。

$=$〔④ 〕

有理化とは，分母に根号がない形にすることだよ。

分母を整数にするためにかけるので，かける数は$3\sqrt{2}$ではなく，$\sqrt{2}$でいいんだ。

(3) $\sqrt{12}\times\sqrt{45}$を計算しなさい。

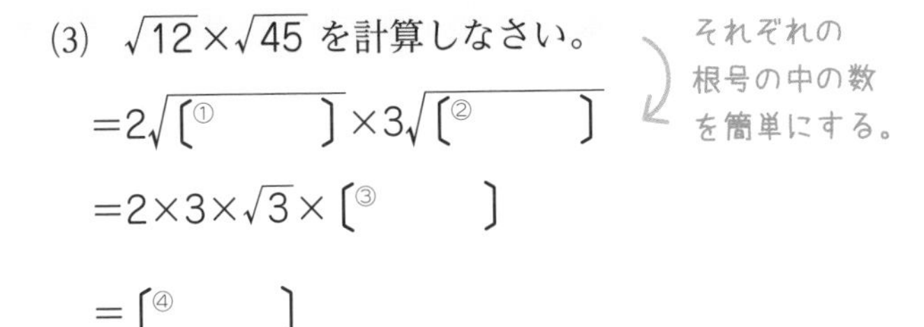

$=2\sqrt{〔①\quad〕}\times3\sqrt{〔②\quad〕}$ ← それぞれの根号の中の数を簡単にする。

$=2\times3\times\sqrt{3}\times$〔③ 〕

$=$〔④ 〕

平方根の乗法と除法では，

$\sqrt{a}\times\sqrt{b}=\sqrt{ab}$

$\dfrac{\sqrt{a}}{\sqrt{b}}=\sqrt{\dfrac{a}{b}}$

が成り立つよ。

(4) $\sqrt{8}-\sqrt{2}+\sqrt{50}$を計算しなさい。

$=$〔① 〕$\sqrt{2}-\sqrt{2}+$〔② 〕$\sqrt{2}$

$=(2-$〔③ 〕$+$〔④ 〕$)\sqrt{2}$

$=$〔⑤ 〕

平方根の加法と減法は，同類項をまとめるときのように計算するよ。

例 $2\sqrt{3}+6\sqrt{3}=(2+6)\sqrt{3}=8\sqrt{3}$

$2\sqrt{3}-6\sqrt{3}=(2-6)\sqrt{3}=-4\sqrt{3}$

ここで学んだ内容を次で確かめよう！

問題を解こう

1 次の計算をしなさい。 各5点×4（20点）

(1) $(15a^2-6ab)\div(-3a)$ （　　　）

(2) $(x+8)(x-9)$ （　　　）

(3) $(2a+7b)(2a-7b)$ （　　　）

(4) $2x(4x-y)-(x-5y)^2$ （　　　）

2 次の式を因数分解しなさい。 各5点×4（20点）

(1) $x^2+8x+16$ （　　　）

(2) x^2-81y^2 （　　　）

(3) $3x^2+9x-120$ （　　　）

(4) $(x-1)(x-4)+x$ （　　　）

3 次の計算をしなさい。 各5点×6（30点）

(1) $\sqrt{72}\div\sqrt{2}$ （　　　）

(2) $\sqrt{80}+\sqrt{20}$ （　　　）

(3) $\sqrt{28}-\frac{35}{\sqrt{7}}$ （　　　）

(4) $\sqrt{6}+\sqrt{12}\times\sqrt{2}$ （　　　）

(5) $(\sqrt{3}+5)(\sqrt{3}-3)$ （　　　）

(6) $(\sqrt{2}-1)^2-\sqrt{18}$ （　　　）

4 まず，値を求める式を因数分解しよう。
5 (1) 負の数は絶対値が大きいほど小さいことに注意しよう。
(2) $\sqrt{●}$ の値が自然数になるのは●が自然数の2乗のときだね。

4 次の問いに答えなさい。 各5点×2（10点）

(1) $a=13$，$b=38$ のとき，$9a^2-b^2$ の値を求めなさい。

（　　　　　）

(2) $x=\sqrt{5}+7$ のとき，$x^2-14x+49$ の値を求めなさい。

（　　　　　）

5 次の問いに答えなさい。 各5点×2（10点）

(1) 3つの数 -8，$-\sqrt{65}$，$-3\sqrt{7}$ の大小を，不等号を使って表しなさい。

（　　　　　）

(2) $\sqrt{20-n}$ の値が自然数となるような自然数nの値をすべて求めなさい。

（　　　　　）

6 ある数aの小数第1位を四捨五入すると32になった。このとき，aの範囲を不等号を使って表しなさい。 （5点）

（　　　　　）

7 連続する2つの整数で，大きいほうの数の2乗から小さいほうの数の2乗をひいた差は，もとの2つの整数の和になる。このことを，文字を使って次のように証明した。証明の続きを書きなさい。 （5点）

〔証明〕 連続する2つの整数で，小さいほうの数をnとすると，

2日目はここまで！

3日目 1次方程式/連立方程式

連立方程式（ほうていしき）は，加減法と代入法のどちらでも解けるようになろう。

解答 > p. 6 ～ 7

要点を確認しよう

❶ 1次方程式

・左辺が文字の項，右辺が数の項になるように**移項**（いこう）して整理する。

❷ 連立方程式

・**加減法**や**代入法**を使って1つの文字を消去し，文字を1つだけふくむ式をつくる。

❶ 1次方程式

(1) 方程式 $5x-1=3x+7$ を解きなさい。

$5x-1=3x+7$

$5x-$［①　　　］$=7+1$　　← -1，$3x$ を移項する。

$2x=$［②　　　］　　← $ax=b$ の形にする。

$x=$［③　　　］　　← 両辺を x の係数でわる。

基本の解き方
❶ x の項を左辺，
数の項を右辺に移項する。
❷整理して $ax=b$ の形にする。
❸両辺を a でわる。

(2) 方程式 $\frac{1}{2}x+4=\frac{1}{3}x$ を解きなさい。

$\frac{1}{2}x+4=\frac{1}{3}x$

$\left(\frac{1}{2}x+4\right)\times6=\frac{1}{3}x\times$［①　　　］　　← 両辺に6をかける。

$3x+24=$［②　　　］　　← かっこをはずす。

$x=$［③　　　］　　← 移項して，左辺，右辺を整理する。

分数の分母が2と3だから，その最小公倍数の6をかけて，係数を整数にするんだね。

小数をふくむ場合は，10や100をかけて，係数を整数にするよ。

(3) 比例式 $x:8=3:2$ を解きなさい。

$x:8=3:2$

$x\times2=8\times$［①　　　］　　← 式を変形する。

$2x=$［②　　　］

$x=$［③　　　］

比例式の性質を使って式を変形するよ。
$a:b=c:d$ ならば，
$ad=bc$

❷ 連立方程式

(1)　連立方程式 $\begin{cases} 2x+3y=7 \cdots ① \\ x+2y=6 \cdots ② \end{cases}$ を解きなさい。

解き方　式②の両辺を2倍すると，両式でxの係数が等しくなることに着目して，加減法で解く。

①　　　　$2x+3y=7$

②×2　−) $2x+4y=$〔①　　〕

　　　　$-y=$〔②　　〕

　　　　$y=$〔③　　〕

$y=$〔④　　〕を②に代入すると，

$x+2\times$〔⑤　　〕$=6$

　　　　$x=$〔⑥　　〕

答　$x=$〔⑦　　〕，$y=$〔⑧　　〕

基本の解き方　加減法

❶xかyの係数の絶対値をそろえる。

❷2つの式をたすかひくかして，1つの文字を消去し，できた1次方程式を解く。

❸もう一方の解（かい）を求める。

xの値を求めるとき，yの値は①に代入してもいいよ。計算が簡単になりそうなほうを選ぼう。

(2)　連立方程式 $\begin{cases} 5x-4y=6 \cdots ① \\ y=-x+3 \cdots ② \end{cases}$ を解きなさい。

解き方　式②が「$y=\sim$」の形であることに着目して，代入法で解く。

②を①に代入すると，

$5x-4($〔①　　〕$)=6$

$5x+$〔②　　〕$=6$

分配法則を使ってかっこをはずす。

　　　　$9x=$〔③　　〕

　　　　$x=$〔④　　〕

$x=$〔⑤　　〕を②に代入すると，

$y=-$〔⑥　　〕$+3$

$=$〔⑦　　〕

基本の解き方　代入法

❶一方の式を「$x=\sim$」か「$y=\sim$」の形にする。

❷❶の式をもう一方の式に代入して1つの文字を消去し，できた1次方程式を解く。

❸もう一方の解を求める。

どちらかの式が「$x=\sim$」か「$y=\sim$」の形のときは，代入法を使うといいよ。

答　$x=$〔⑧　　〕，$y=$〔⑨　　〕

ここで学んだ内容を次で確かめよう！

問題を解こう

100点

1 次の方程式を解きなさい。　各5点×4（20点）

(1) $2x+3=5x+9$

(　　　　　　)

(2) $7x-3(x+1)=17$

(　　　　　　)

(3) $\dfrac{x-2}{4}=\dfrac{x-5}{6}$

(　　　　　　)

(4) $-0.3x+0.1=0.4x-2$

(　　　　　　)

2 次の比例式を解きなさい。　各5点×2（10点）

(1) $16:x=4:5$

(　　　　　　)

(2) $2:9=8:(x+3)$

(　　　　　　)

3 次の連立方程式を解きなさい。　各5点×4（20点）

(1) $\begin{cases} 2x+y=4 \\ 5x-2y=1 \end{cases}$

(　　　　　　)

(2) $\begin{cases} 2x-3y=6 \\ 3x-5y=11 \end{cases}$

(　　　　　　)

(3) $\begin{cases} x=-4y+7 \\ 2x+3y=-1 \end{cases}$

(　　　　　　)

(4) $\begin{cases} \dfrac{1}{2}x-\dfrac{5}{6}y=7 \\ x+2y=-8 \end{cases}$

(　　　　　　)

[4] $A=B=C$ の形のときは，$\begin{cases}A=B\\A=C\end{cases}$ $\begin{cases}A=B\\B=C\end{cases}$ $\begin{cases}A=C\\B=C\end{cases}$ のいずれかで解こう。

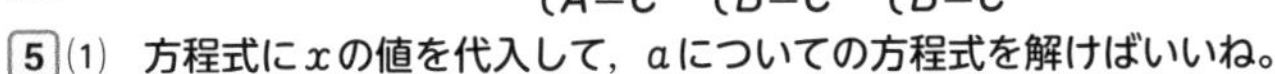

[5] (1)　方程式に x の値を代入して，a についての方程式を解けばいいね。

4 連立方程式 $8x+3y=x+2y+4=-1$ を解きなさい。　(10点)

(　　　　　　　　)

5 次の問いに答えなさい。　各10点×2（20点）

(1)　x についての1次方程式 $9x-8=ax+20$ の解が $x=7$ であるとき，a の値を求めなさい。

(　　　　　　　　)

(2)　x と y についての連立方程式 $\begin{cases}ax+by=10\\-bx+ay=5\end{cases}$ の解が $x=2$，$y=-1$ であるとき，a，b の値を求めなさい。

(　　　　　　　　)

6 次の問いに答えなさい。　各10点×2（20点）

(1)　同じ値段のボールペンを8本買うには，持っているお金では200円たりないが，6本買うと100円余る。このボールペン1本の値段を求めなさい。

(　　　　　　　　)

(2)　A町からB町までの道のりは14kmである。とおるさんが，自転車でA町からB町まで行くのに，A町から途中のP町まで時速15km，P町からB町まで時速12kmで走ったところ，全体で1時間かかった。A町からP町までの道のりと，P町からB町までの道のりをそれぞれ求めなさい。

(　　　　　　　　　　　　　　　　)

4日目　2次方程式

2次方程式のいろいろな解き方を，整理しておこう。

解答＞p. 8 ～ 9

要点を確認しよう

❶ **平方根の考え方を使った解き方**

・$(x+m)^2=n$ → $x+m$ が n の平方根だから，$x+m=\pm\sqrt{n}$ → $x=-m\pm\sqrt{n}$

❷ **因数分解を使った解き方**

・$AB=0$ ならば，$A=0$ または $B=0$ となることを利用する。

❸ **解の公式を使った解き方**

・2次方程式 $ax^2+bx+c=0$ の解は，$x=\dfrac{-b\pm\sqrt{b^2-4ac}}{2a}$

❶ 平方根の考え方を使った解き方

(1) 方程式 $2x^2-24=0$ を解きなさい。

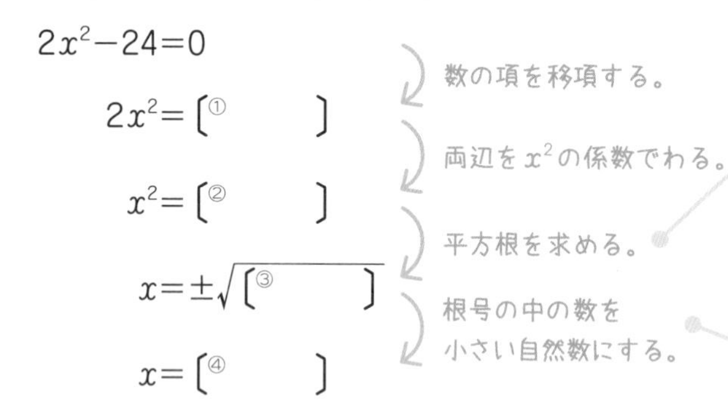

$2x^2-24=0$

　数の項を移項する。

$2x^2=$ [①　　]

　両辺を x^2 の係数でわる。

$x^2=$ [②　　]

　平方根を求める。

$x=\pm\sqrt{[③　　]}$

　根号の中の数を小さい自然数にする。

$x=$ [④　　]

平方根の考え方を思いだそう。2乗して k になる数は，$\pm\sqrt{k}$ だね。

$\sqrt{a^2b}=a\sqrt{b}$ を使って，根号の中の数を小さくしよう。

(2) 方程式 $(x+3)^2=49$ を解きなさい。

$(x+3)^2=49$

　平方根を求める。

$x+3=\pm\sqrt{49}$

　根号をはずす。

$x+3=\pm$ [①　　]

$x+3=7$ から，$x=$ [②　　]

$x+3=-7$ から，$x=$ [③　　]

よって，$x=$ [④　　]，[⑤　　]

$x+3$ を2乗すると49になるから，$x+3$ は49の平方根だね。

$x+3=7$ と $x+3=-7$ の2つの1次方程式を解くことになるよ。

② 因数分解を使った解き方

(1)　方程式 $x^2-4x-45=0$ を解きなさい。

$x^2-4x-45=0$　　左辺を因数分解する。

$(x+5)($ [①　　] $)=0$

$x+5=0$ または [②　　] $=0$

よって，$x=$ [③　　]，[④　　]

$AB=0$ ならば，$A=0$ または $B=0$ となることを利用するよ。

(2)　方程式 $x^2+12x+36=0$ を解きなさい。

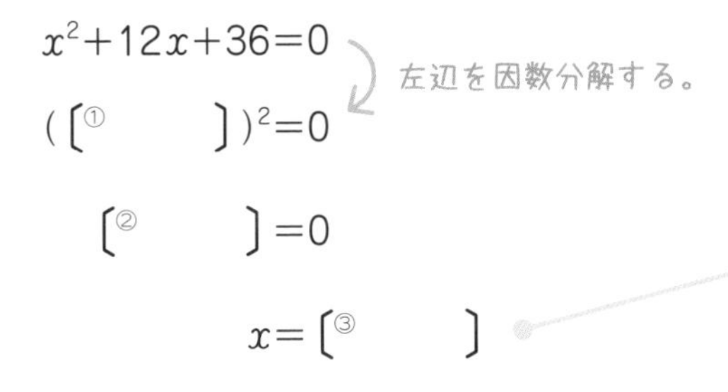

$x^2+12x+36=0$　　左辺を因数分解する。

$($ [①　　] $)^2=0$

[②　　] $=0$

$x=$ [③　　]

このように，解が1つになることもあるよ。

③ 解の公式を使った解き方

方程式 $3x^2+4x-1=0$ を解きなさい。

解き方　解の公式に $a=3$，$b=4$，$c=-1$ を代入する。

負の数は，かっこをつけて代入しよう。

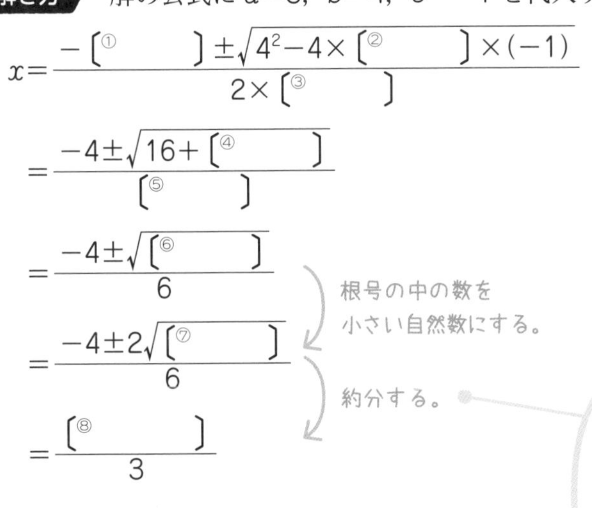

$x=\dfrac{-[①\quad]\pm\sqrt{4^2-4\times[②\quad]\times(-1)}}{2\times[③\quad]}$

$=\dfrac{-4\pm\sqrt{16+[④\quad]}}{[⑤\quad]}$

$=\dfrac{-4\pm\sqrt{[⑥\quad]}}{6}$　　根号の中の数を小さい自然数にする。

$=\dfrac{-4\pm2\sqrt{[⑦\quad]}}{6}$　　約分する。

$=\dfrac{[⑧\quad]}{3}$

分子の一方だけ約分してしまうミスに注意しよう。

$\dfrac{-4\pm2\sqrt{●}}{6}$ …×（-4 と 6 だけを約分）　$\dfrac{-4\pm2\sqrt{●}}{6}$ …×（2 と 6 だけを約分）

$\dfrac{-4\pm2\sqrt{●}}{6}$ …○（-4，2 を両方約分し，6 を 3 に）

分子は2つとも約分しようね。

ここで学んだ内容を次で確かめよう！

問題を解こう

100点

1 次の方程式を解きなさい。　各5点×10(50点)

(1) $(x-8)^2=25$　(　　　　)

(2) $(x+4)^2-7=0$　(　　　　)

(3) $x^2+3x+2=0$　(　　　　)

(4) $x^2+6x-27=0$　(　　　　)

(5) $x^2-20x+100=0$　(　　　　)

(6) $3x^2=15x$　(　　　　)

(7) $5x^2-9x+3=0$　(　　　　)

(8) $x^2+7x+1=0$　(　　　　)

(9) $x^2-6x+4=0$　(　　　　)

(10) $2x^2+3x-2=0$　(　　　　)

2 次の方程式を解きなさい。　各5点×2(10点)

(1) $x^2+3x=5x+24$　(　　　　)

(2) $(x+3)^2=-8(x+5)$　(　　　　)

2 式を整理して，(xの2次式)$=0$の形にしよう。
4 (3) 1辺が4cmの正方形を4すみから切り取るから，紙の縦は$4\times2=8$(cm)より長くないといけないね。

3 2次方程式 $x^2+ax-12=0$ の解の1つが2であるとき，次の問いに答えなさい。

各5点×2（10点）

(1) aの値を求めなさい。

(　　　　　　)

(2) もう1つの解を求めなさい。

(　　　　　　)

4 次の問いに答えなさい。

各10点×3（30点）

(1) 連続する3つの整数がある。中央の数を5倍すると，残りの2つの数の積より13小さくなる。このとき，中央の数を求めなさい。

(　　　　　　)

(2) ある正方形の縦の長さを3cm，横の長さを6cm長くして長方形をつくったところ，面積はもとの正方形の面積の2倍より8cm^{2}大きくなった。もとの正方形の1辺の長さを求めなさい。

(　　　　　　)

(3) 横が縦より6cm長い長方形の紙がある。この紙の4すみから1辺が4cmの正方形を切り取り，ふたのない直方体の容器をつくったところ，容積が52cm^{3}になった。紙の縦の長さを求めなさい。

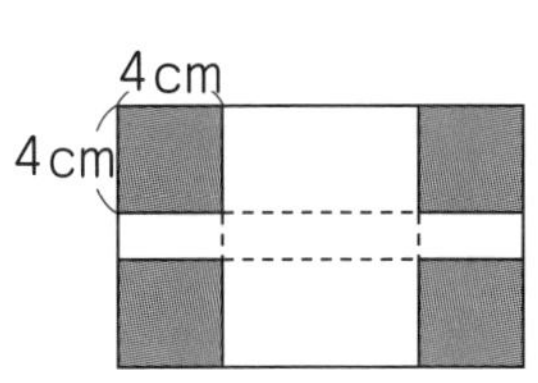

(　　　　　　)

比例と反比例/1次関数

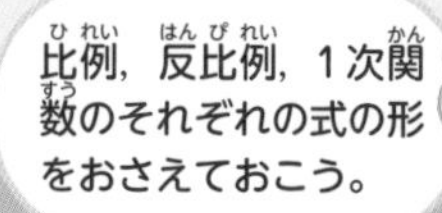

解答 > p.10～11

要点を確認しよう

1 比例と反比例

・比例の式は $y=ax$，反比例の式は $y=\frac{a}{x}$　x，yの値を代入して比例定数aを求める。

2 1次関数

・1次関数の式は $y=ax+b$　aは変化の割合で，(変化の割合)$=\frac{(y\text{の増加量})}{(x\text{の増加量})}$

・$y=ax+b$ のグラフは傾きa，切片bの直線。2直線の交点は2式の連立方程式を解く。

1 比例と反比例

(1)　yはxに比例し，$x=2$のとき$y=-8$である。yをxの式で表しなさい。

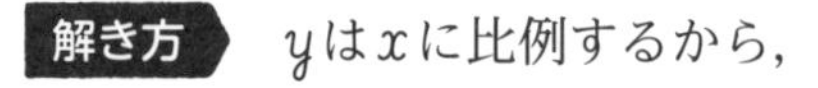

解き方　yはxに比例するから，

比例定数をaとすると，式は$y=ax$とおける。

$x=2$のとき$y=-8$だから，

[①　　] $=a\times$ [②　　]

$2a=$ [③　　]

$a=$ [④　　]

$y=ax$ に $x=2$，$y=-8$ を代入して，aの値を求めるよ。

$y=ax$ より，$a=\frac{y}{x}$ として，直接aを求めてもいいよ。

答　$y=$ [⑤　　]

(2)　yはxに反比例し，$x=3$のとき$y=9$である。yをxの式で表しなさい。

解き方　yはxに反比例するから，

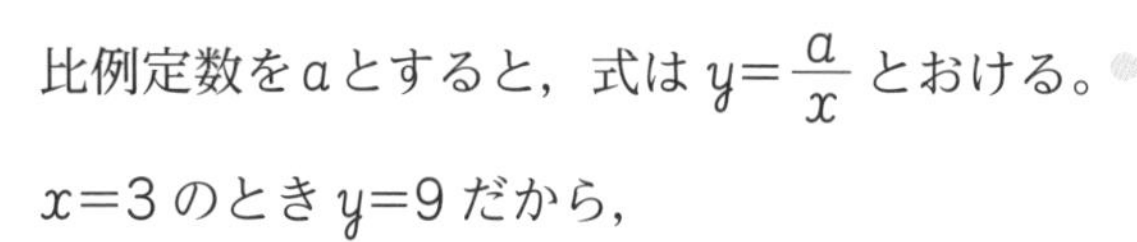

比例定数をaとすると，式は$y=\frac{a}{x}$とおける。

$x=3$のとき$y=9$だから，

[①　　] $=\frac{a}{[②\quad]}$

$a=$ [③　　]

$y=\frac{a}{x}$ に $x=3$，$y=9$ を代入して，aの値を求めるよ。

$y=\frac{a}{x}$ より，$a=xy$ として，直接aを求めてもいいよ。

答　$y=$ [④　　]

❷ 1次関数

(1)　グラフが2点(2，1)，(5，7)を通る1次関数の式を求めなさい。

解き方　2点(2，1)，(5，7)を通るから，

グラフの傾きは，

$\dfrac{7-1}{5-2}=\dfrac{〔^{①}\quad〕}{3}=〔^{②}\quad〕$

したがって，1次関数の式は

$y=〔^{③}\quad〕x+b$

とおける。

グラフは点(2，1)を通るから，

$〔^{④}\quad〕=2\times〔^{⑤}\quad〕+b$ ← $x=2$，$y=1$ を代入する。

これを解いて，$b=〔^{⑥}\quad〕$

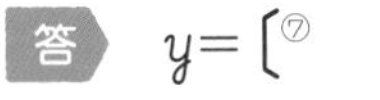

答　$y=〔^{⑦}\quad〕$

基本の解き方

2点の座標(ざひょう)から式を求める

❶ $\dfrac{y\text{の増加量}}{x\text{の増加量}}$ から，傾き a を求める。

❷式を $y=ax+b$ とおき，1点の座標の値を代入して b の値を求める。

別の求め方として，$y=ax+b$ に2点の座標の値を代入してできる2つの方程式を，a，b の連立方程式として解く方法もあるよ。

(2)　2直線 $y=x+4$，$y=-2x+1$ の交点Pの座標を求めなさい。

解き方　交点の座標は，2直線の式を組にした連立方程式

$$\begin{cases} y=x+4\cdots① \\ y=-2x+1\cdots② \end{cases}$$

を解いて求める。

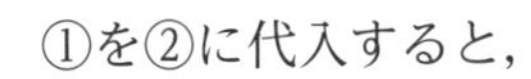

①を②に代入すると，

$〔^{①}\quad〕=-2x+1$

$3x=〔^{②}\quad〕$

$x=〔^{③}\quad〕$ ← 交点Pの x 座標になる。

$x=〔^{④}\quad〕$ を①に代入すると，

$y=〔^{⑤}\quad〕+4$

$=〔^{⑥}\quad〕$ ← 交点Pの y 座標になる。

答　P(〔⑦　〕，〔⑧　〕)

交点Pの x 座標，y 座標の値の組は，①，②のどちらの式もみたすから，連立方程式を解くんだよ。

①，②のどちらとも $y=$～ の形だから，代入法を使えばいいね。

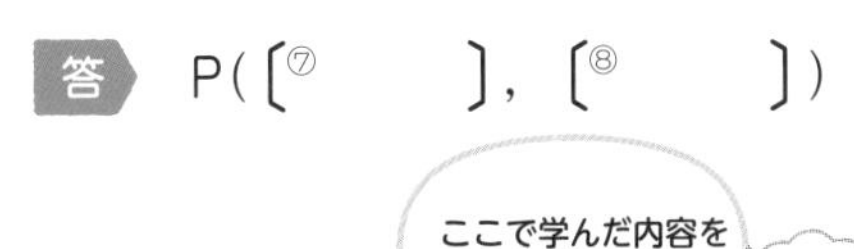

問題 を解こう

100点

1 yはxに比例し，$x=-3$のとき$y=-18$である。次の問いに答えなさい。 各5点×2（10点）

(1) yをxの式で表しなさい。

(2) $x=2$のときのyの値を求めなさい。

（　　　　） （　　　　）

2 yはxに反比例し，$x=-2$のとき$y=10$である。次の問いに答えなさい。 各5点×2（10点）

(1) yをxの式で表しなさい。

(2) $x=-5$のときのyの値を求めなさい。

（　　　　） （　　　　）

3 右の図のように，比例$y=ax$のグラフと反比例$y=\frac{12}{x}$ $(x>0)$のグラフが点Aで交わっている。点Aのx座標が6のとき，次の問いに答えなさい。 各10点×3（30点）

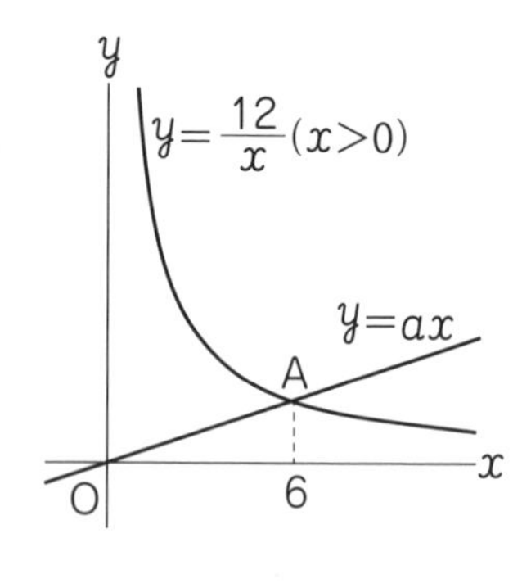

(1) 点Aのy座標を求めなさい。

（　　　　）

(2) aの値を求めなさい。

（　　　　）

(3) 反比例$y=\frac{12}{x}$ $(x>0)$のグラフ上にあり，x座標，y座標がともに整数となる点は何個あるか求めなさい。

（　　　　）

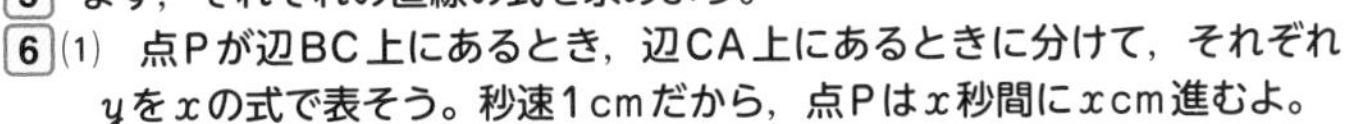

5 まず，それぞれの直線の式を求めよう。
6 (1) 点Pが辺BC上にあるとき，辺CA上にあるときに分けて，それぞれyをxの式で表そう。秒速1cmだから，点Pはx秒間に$x$cm進むよ。

4 次の問いに答えなさい。

各10点×2（20点）

(1) 1次関数 $y=-\dfrac{3}{2}x+5$ で，xの増加量が6のときのyの増加量を求めなさい。

（　　　　　　）

(2) グラフが直線 $y=4x-1$ に平行で，点$(-2,\ -15)$を通る1次関数の式を求めなさい。

（　　　　　　）

5 右の図の2直線①，②の交点の座標を求めなさい。

（10点）

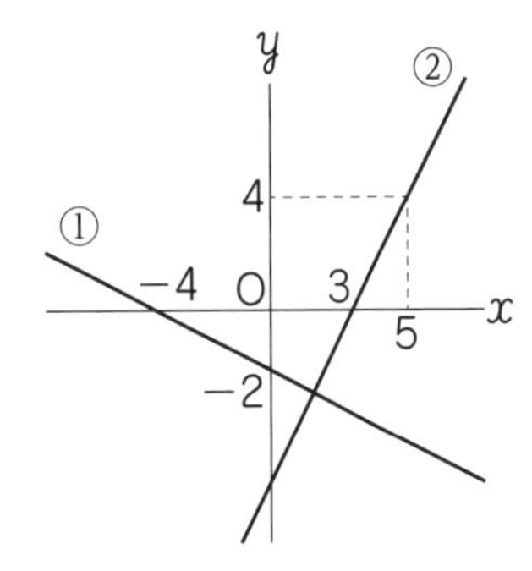

（　　　　　　）

6 右の図のように，AC＝4cm，BC＝6cm，∠C＝90°の直角三角形ABCがある。点Pは頂点Bを出発し，辺BC，CA上を秒速1cmで頂点Aまで動く。点Pが頂点Bを出発してからx秒後の△ABPの面積を$y\text{cm}^2$とするとき，次の問いに答えなさい。

各10点×2（20点）

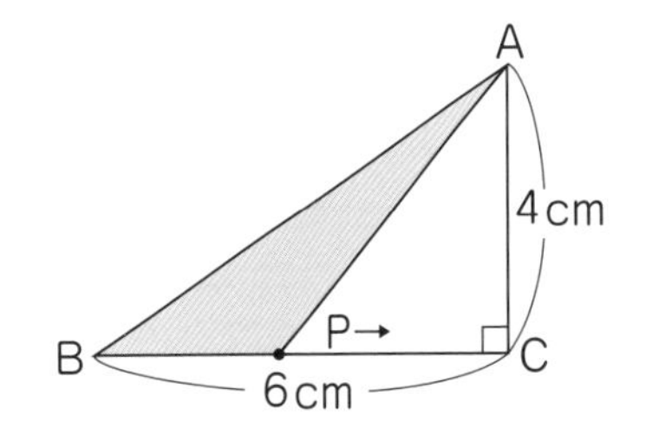

(1) 点Pが頂点Bを出発してから頂点Aに着くまでのxとyの関係を表すグラフを右の図にかきなさい。

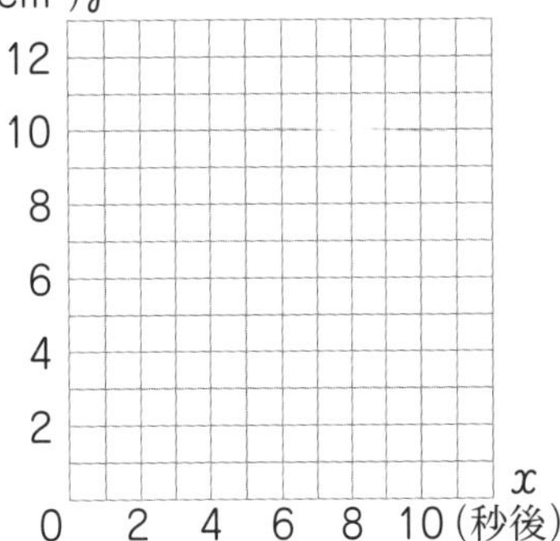

(2) △ABPの面積が7cm^2になるのは，点Pが頂点Bを出発してから何秒後か，すべて求めなさい。

（　　　　　　）

6日目 関数 $y=ax^2$

関数 $y=ax^2$ のグラフの形は放物線。特徴をしっかり頭に入れよう。

解答 > p.12～13

要点を確認しよう

攻略のカギ

1 関数 $y=ax^2$

・xの2乗に比例する関数の式は，$y=ax^2$　x，yの値を代入して比例定数aを求める。

・グラフは放物線。原点を通り，y軸について対称。$a>0$…上に開く。$a<0$…下に開く。

2 関数 $y=ax^2$ の値の変化

・変域は，簡単なグラフをかいて考える。xの変域に0をふくむ場合は注意が必要。

・変化の割合は，1次関数とは異なり一定ではない。$\frac{(y\text{の増加量})}{(x\text{の増加量})}$ にあてはめて考える。

1 関数 $y=ax^2$

(1)　yはxの2乗に比例し，$x=2$ のとき $y=-12$ である。yをxの式で表しなさい。

解き方　比例定数をaとすると，式は $y=ax^2$ とおける。$x=2$ のとき $y=-12$ だから，

〔①　　〕$=a\times$〔②　　〕^{2}

$4a=$〔③　　〕

$a=$〔④　　〕

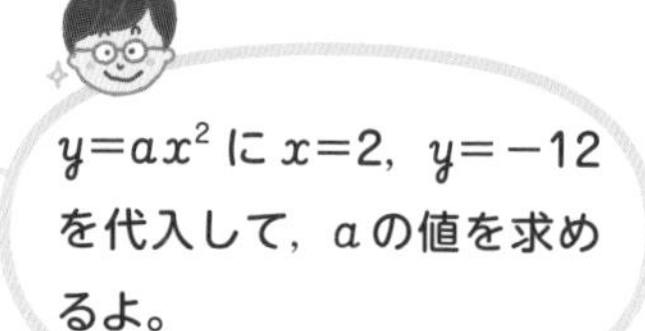

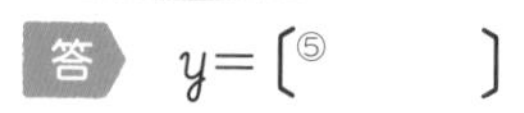

答　$y=$〔⑤　　〕

(2)　次のア，イの関数のうち，グラフの開き方が大きいほうを記号で答えなさい。

ア　$y=x^2$　　　イ　$y=4x^2$

解き方　関数 $y=ax^2$ のグラフでは，

aの絶対値が大きいほどグラフの開き方は

〔①　　〕。

比例定数の絶対値は，

アが〔②　　〕で，イが〔③　　〕だから，

グラフの開き方が大きいのは，〔④　　〕。

xの同じ値に対応するyの値を比べると，$y=4x^2$ は $y=x^2$ の4倍になっているから，グラフの開き方が小さいことがわかるね。

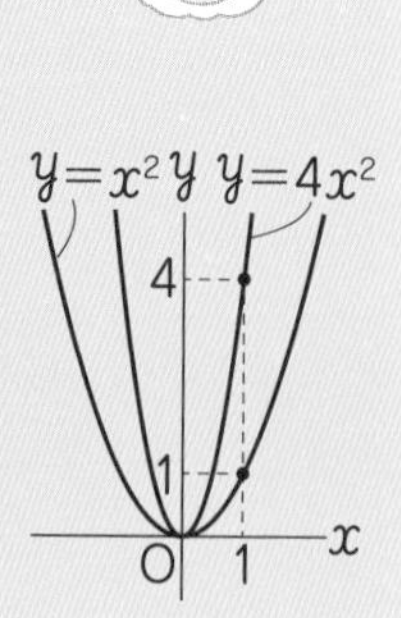

❷ 関数 $y=ax^2$ の値の変化

(1) 関数 $y=\frac{1}{2}x^2$ で，x の変域が $-2 \leqq x \leqq 4$ のときの y の変域を求めなさい。

解き方 グラフは右の図の実線部分になる。y の値について，

最小値は $x=$〔①　　〕のときで，

$y=$〔②　　〕

最大値は $x=$〔③　　〕のときで，

$y=\frac{1}{2}\times$〔④　　〕$^2=$〔⑤　　〕

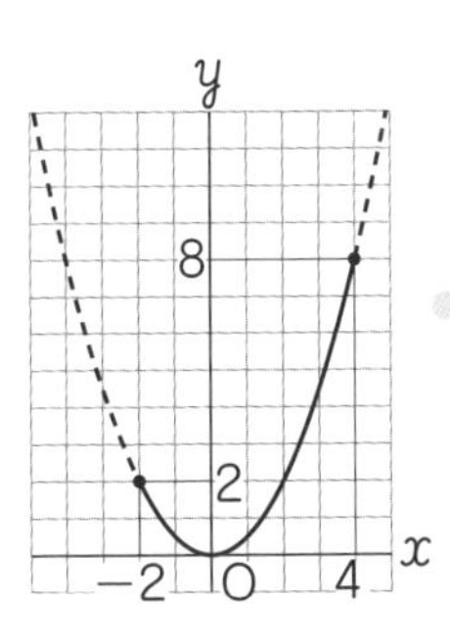

$x=-2$ のときの $y=2$ を最小値としてしまうミスに注意しよう！ このミスは，グラフをかいて考えれば防げるはずだよ。

答 〔⑥　　〕$\leqq y \leqq$〔⑦　　〕

(2) 関数 $y=\frac{1}{3}x^2$ で，x の値が3から6まで増加するときの変化の割合を求めなさい。

解き方 $(\text{変化の割合})=\frac{(y\text{の増加量})}{(x\text{の増加量})}$ にあてはめる。

$x=3$ のとき，$y=\frac{1}{3}\times$〔①　　〕$^2=$〔②　　〕

$x=6$ のとき，$y=\frac{1}{3}\times$〔③　　〕$^2=$〔④　　〕

したがって，変化の割合は，

$\frac{(y\text{の増加量})}{(x\text{の増加量})}=\frac{〔⑤\quad〕-3}{〔⑥\quad〕-3}$

$=\frac{〔⑦\quad〕}{3}$

$=$〔⑧　　〕

この場合の変化の割合は，$y=\frac{1}{3}x^2$ のグラフ上で，x 座標が3，6の2点A，Bをとったときの直線ABの傾きを表すよ。

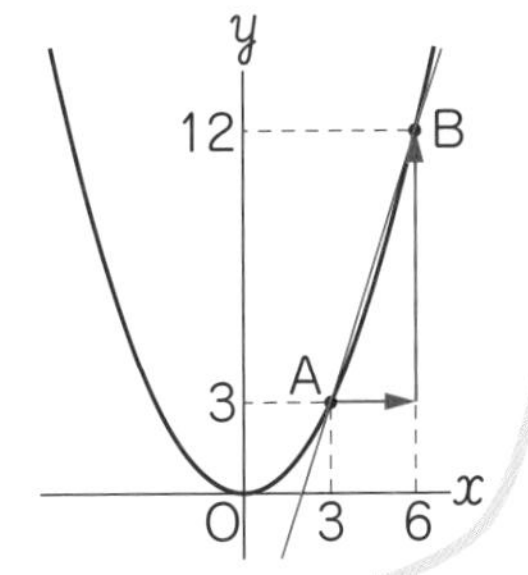

分母も分子も，(増加後の値)−(増加前の値)だよ。

$y=ax^2$ では，x がどの値からどの値まで増加するかによって，変化の割合は異なるよ。
1次関数のように一定ではないので，注意しよう。

ここで学んだ内容を次で確かめよう！

問題を解こう

1 次の問い に答えなさい。 各10点×2（20点）

(1) yはxの2乗に比例し，$x=5$のとき$y=100$である。yをxの式で表しなさい。

（　　　　　）

(2) yはxの2乗に比例し，$x=-4$のとき$y=-12$である。$x=6$のときのyの値を求めなさい。

（　　　　　）

2 次の問いに答えなさい。 各5点×2（10点）

(1) 関数$y=ax^2$のグラフが，関数$y=6x^2$のグラフとx軸について対称であるとき，aの値を求めなさい。

（　　　　　）

(2) 右の図で，①は関数$y=ax^2$，②は関数$y=bx^2$，③は関数$y=cx^2$のグラフである。比例定数a，b，cを，値の小さい順に左から並べて書きなさい。

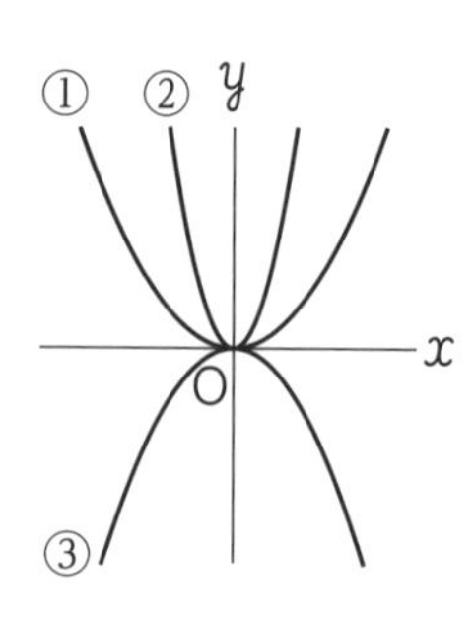

（　　　　　）

3 次の問いに答えなさい。 各10点×2（20点）

(1) 関数$y=-2x^2$で，xの変域が$-3 \leqq x \leqq 2$のときのyの変域を求めなさい。

（　　　　　）

(2) 関数$y=ax^2$で，xの変域が$-2 \leqq x \leqq 1$のとき，yの変域が$0 \leqq y \leqq 6$となる。aの値を求めなさい。

（　　　　　）

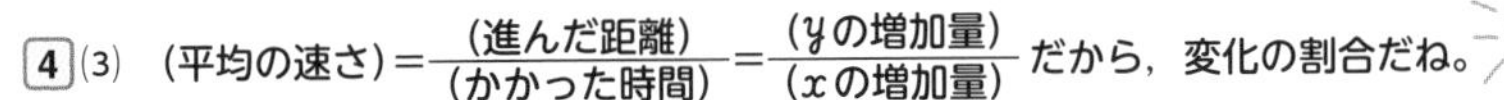

4 (3) (平均の速さ)$=\dfrac{(進んだ距離)}{(かかった時間)}=\dfrac{(y の増加量)}{(x の増加量)}$ だから，変化の割合だね。

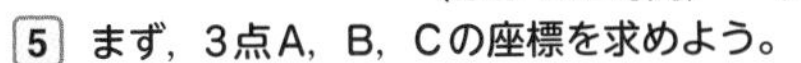

5 まず，3点A，B，Cの座標を求めよう。

4 次の問いに答えなさい。

各10点×3（30点）

(1) 関数 $y=2x^2$ で，x の値が -7 から -1 まで増加するときの変化の割合を求めなさい。

（　　　　　　　　）

(2) 関数 $y=ax^2$ で，x の値が -6 から -4 まで増加するときの変化の割合が5だった。a の値を求めなさい。

（　　　　　　　　）

(3) ある斜面でボールをころがすとき，ボールがころがりはじめてから x 秒後までにころがる距離を y m とすると，x と y の間に $y=2x^2$ という関係があった。ボールがころがりはじめてから2秒後から5秒後までの平均の速さは秒速何mか求めなさい。

（　　　　　　　　）

5 右の図のように，関数 $y=\frac{1}{4}x^2$ のグラフ上に3点A，B，Cがあり，点Oは原点である。点Aの x 座標は -6，点Bの x 座標は -2 で，線分ACは x 軸に平行である。次の問いに答えなさい。

各10点×2（20点）

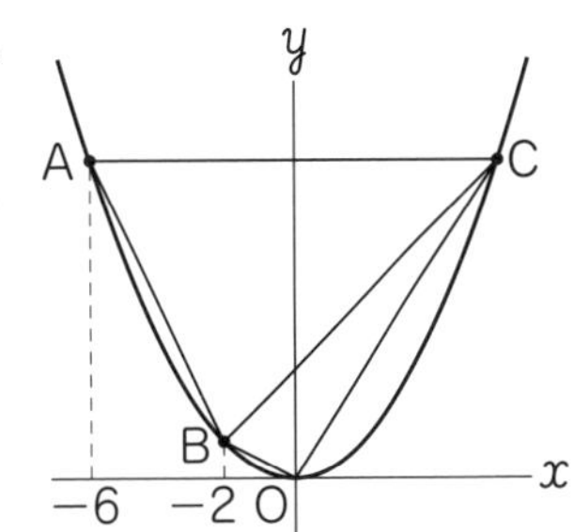

(1) △ABCの面積を求めなさい。

（　　　　　　　　）

(2) △OBCの面積を求めなさい。

（　　　　　　　　）

7日目 図形

作図や面積・体積，角の大きさなど，図形の基本問題が中心だよ。

解答 > p.14～15

要点を確認しよう

攻略のカギ

1 平面図形

・2点A，Bからの距離（きょり）が等しい点の作図…**線分ABの垂直（すいちょく）二等分線**を利用する。

・2辺OA，OBからの距離が等しい点の作図…**∠AOBの二等分線**を利用する。

・おうぎ形の弧（こ）の長さや面積は，**中心角に比例**する。

2 空間図形

・角柱・円柱の体積…$V=Sh$，角錐（すい）・円錐の体積…$V=\frac{1}{3}Sh$　（底面積S，高さh）

3 角の大きさ

・平行な2直線に1つの直線が交わるとき，**同位角（どういかく），錯角（さっかく）は等しい。**

・n角形の内角の和…$180°\times(n-2)$　　多角形の外角の和…$360°$

1 平面図形

基本の作図方法は覚えておこう。

・垂直二等分線

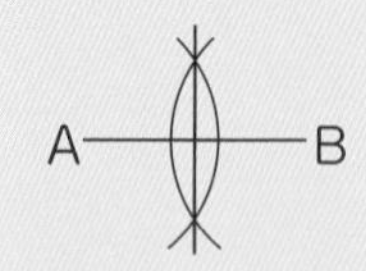

・角の二等分線

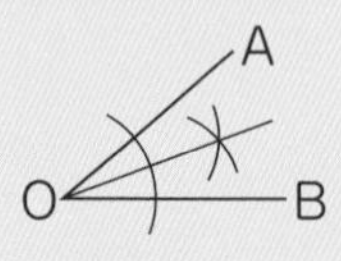

・垂線

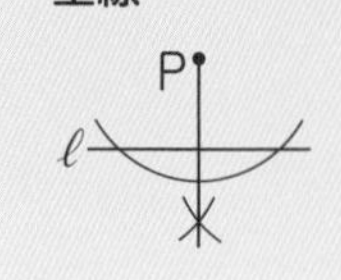

(1)　右の図の△ABCで，辺BC上にあり，2点A，Cからの距離が等しい点Pを作図によって求めなさい。

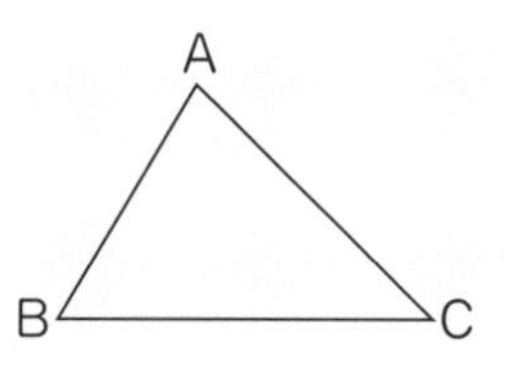

解き方　点Pは，2点A，Cからの距離が等しいから，

辺ACの〔①　　　　〕上にある。

したがって，次の手順で作図すればよい。

1　点Aを中心として円をかく。

2　点〔②　　〕を中心として，1と同じ半径の円をかく。

3　2つの円の交点を通る直線をひき，辺〔③　　〕との交点をPとする。　**答**　上の図

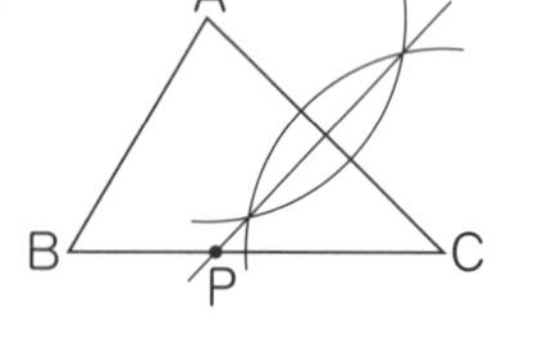

(2)　半径が6cm，中心角が60°のおうぎ形の面積を求めなさい。

解き方　おうぎ形の面積は中心角に比例するから，

$\pi\times$〔①　　〕$^2\times\frac{〔②　　〕}{360}=$〔③　　〕(cm^2)

中心角が$a°$のとき，同じ半径の円の面積の$\frac{a}{360}$倍になるね。

❷ 空間図形

右の図のような円柱の体積と表面積を求めなさい。

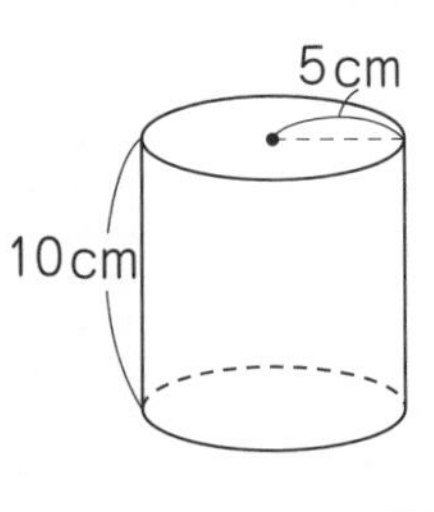

解き方 まず，底面積から求める。

底面の半径は〔① 〕cmだから，底面積は，

$\pi\times$〔② 〕^{2}＝〔③ 〕(cm^2)

次に体積を求める。

円柱の高さは10cmだから，体積は，

〔④ 〕×10＝〔⑤ 〕(cm^3)

（底面積）（高さ）

最後に表面積を求める。

右の図のように，側面の展開図は長方形で，縦の長さは円柱の高さだから10cm

5cm
10cm

表面積は，
展開図で考えよう。

また，横の長さは底面の円周の長さに等しいから，横の長さは，

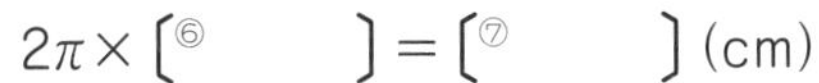

$2\pi\times$〔⑥ 〕＝〔⑦ 〕(cm)

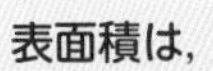

したがって，側面積は，

10×〔⑧ 〕＝〔⑨ 〕(cm^2)

表面積は，

〔⑩ 〕＋〔⑪ 〕×2＝〔⑫ 〕(cm^2)

（側面積）（底面積）← 円柱の底面は2つある

表面積は，
表面全体の面積だから，
角柱・円柱では，
(側面積)＋(底面積)×2
角錐・円錐では，
(側面積)＋(底面積)
となるよ。

❸ 角の大きさ

右の図で，$\angle x$ の大きさを求めなさい。

x
60°
40°
100°

解き方 多角形の外角の和は，

〔① 〕°だから，

$\angle x$＝〔② 〕°－(90°＋〔③ 〕°＋40°＋60°)

＝〔④ 〕°

何角形であっても，
外角の和は
360°だよ。

問題を解こう

/100点

1 下の図で，△ABCを，直線ℓを対称の軸として対称移動させた図形をかきなさい。 (10点)

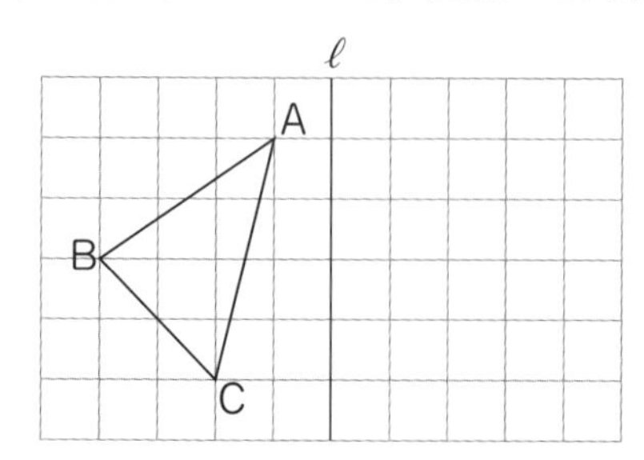

2 次の作図をしなさい。 各10点×2 (20点)

(1) △ABCで，辺BAが辺BCと重なるように折り返すときの折り目の線

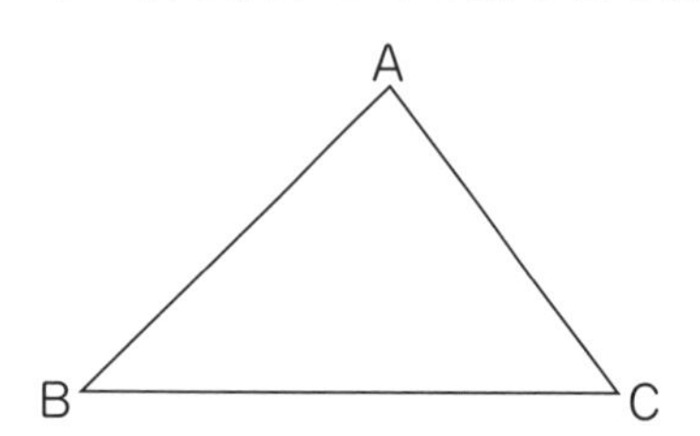

(2) 円Oで，周上の点Pを接点とする接線

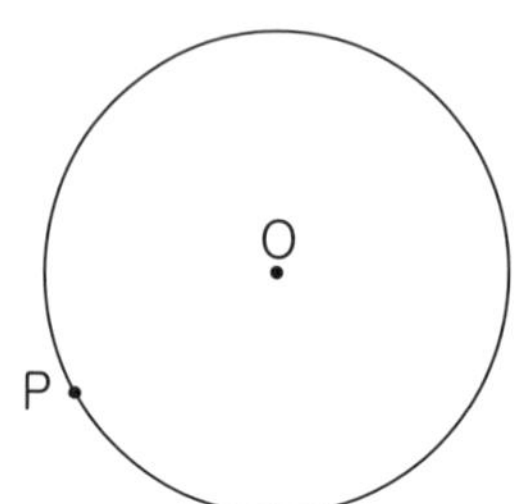

3 半径が5cm，中心角が72°のおうぎ形の弧の長さを求めなさい。 (10点)

(　　　　　)

4 右の図の三角柱ABC-DEFで，辺ABとねじれの位置にある辺を，すべていいなさい。 (10点)

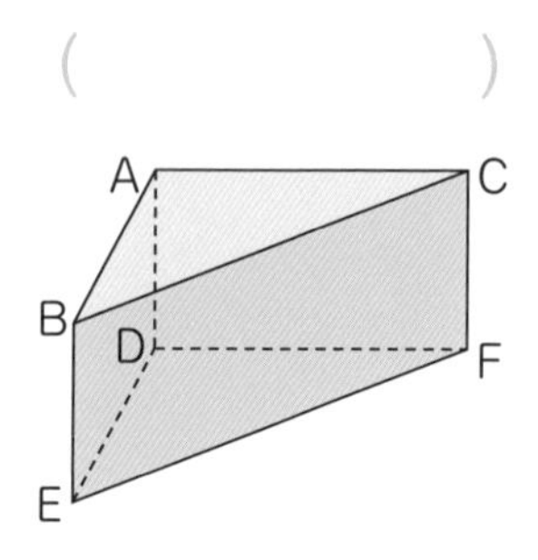

(　　　　　)

5 右の図のような半径3cmの半円がある。この半円を，直径ABを軸として1回転させてできる立体の体積を求めなさい。 (10点)

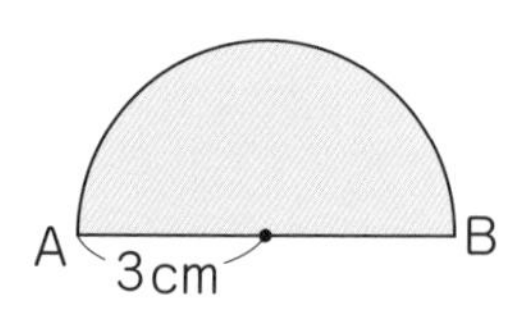

(　　　　　)

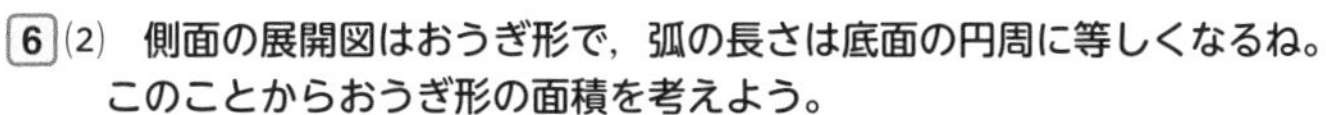

6 (2) 側面の展開図はおうぎ形で，弧の長さは底面の円周に等しくなるね。
このことからおうぎ形の面積を考えよう。
8 補助線をひいて，平行線と角，三角形の内角と外角の性質を利用しよう。

6 右の図の円錐について，次の問いに答えなさい。

各10点×2（20点）

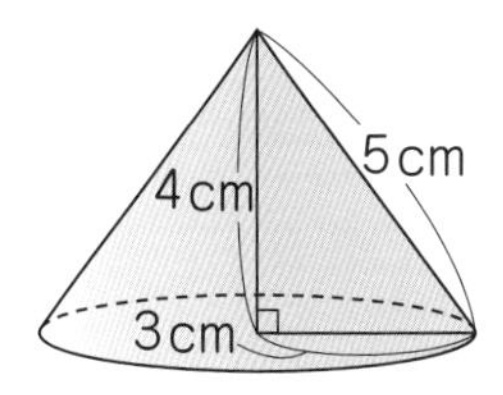

(1) 体積を求めなさい。

（　　　　　）

(2) この円錐の展開図は右の図のようになる。これを参考にして，この円錐の表面積を求めなさい。

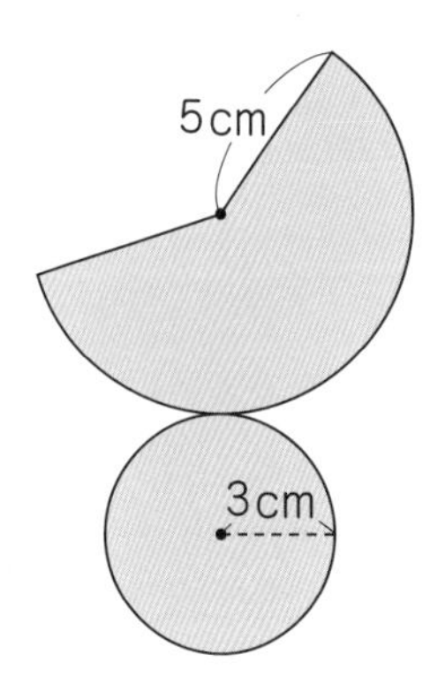

（　　　　　）

7 次の問いに答えなさい。

各5点×2（10点）

(1) 七角形の内角の和を求めなさい。

（　　　　　）

(2) 1つの内角の大きさが160°である正多角形は，正何角形か求めなさい。

（　　　　　）

8 次の図で，$\angle x$の大きさを求めなさい。

各5点×2（10点）

(1) ℓ 40° x 120° m （ℓ // m）

(2)

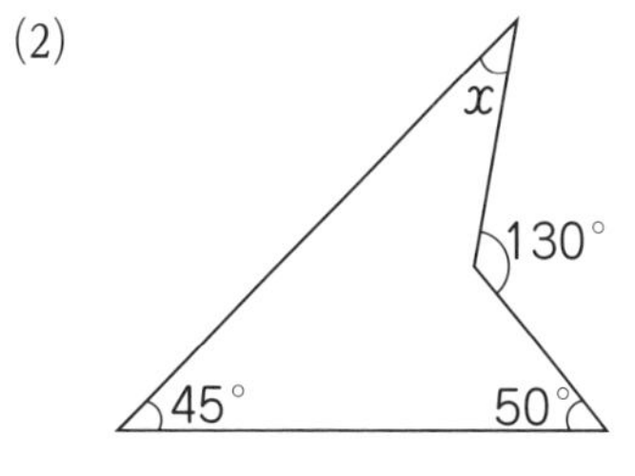

（　　　　　）　　（　　　　　）

8日目 合同/相似

解答 > p.16～17

要点を確認しよう

1 合同

・証明問題では，**三角形の合同条件**を正確に書くこと。また，三角形や辺，角を表す記号は，対応する頂点の順に並べる。

2 相似

・証明のほかに，対応する辺の長さを求める問題も多い。**比例式**を使いこなそう。

・三角形と比の定理は，右の図のどちらでも成り立つ。

DE∥BC ならば，**AD：AB＝AE：AC＝DE：BC**

AD：DB＝AE：EC

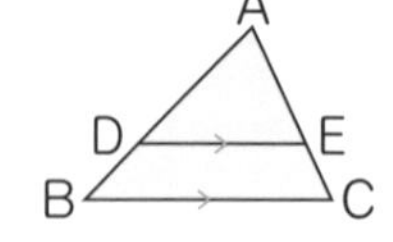

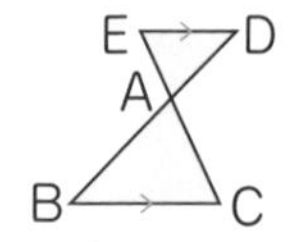

・相似な平面図形で，相似比が $m:n$ のとき，面積の比は $m^2:n^2$

・相似な立体で，相似比が $m:n$ のとき，表面積の比は $m^2:n^2$，体積の比は $m^3:n^3$

1 合同

右の図のように，AB＝AC である二等辺三角形ABCがある。辺AB上に点D，辺AC上に点Eを BD＝CE となるようにとる。このとき，△DBC≡△ECB であることを証明しなさい。

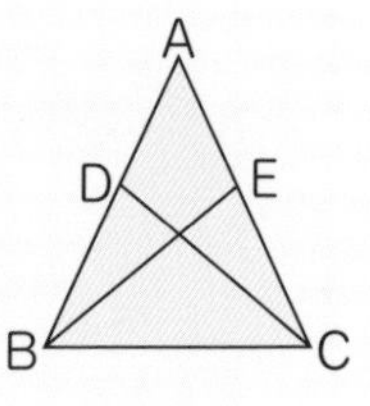

解き方 二等辺三角形の性質を利用する。

（証明） △DBCと△ECBにおいて，
└証明する三角形を書く。

仮定から，BD＝［① ］…①

共通だから，BC＝CB…②

二等辺三角形の底角は等しいから，

∠DBC＝∠［② ］…③

（等しい辺や角を書く。）

①，②，③より，

［③ ］が

それぞれ等しいから，

△DBC［④ ］△ECB

（合同条件と結論を書く。）

基本の解き方

❶最初に，仮定と結論をはっきりさせる。

❷合同を証明する三角形を書く。

❸仮定や，そのほかの等しい辺や角を，根拠とともに書く。

❹合同条件を示し，結論を書く。

等しい辺や角に，印をつけて考えよう。

❷ 相似

(1) 右の図で，△ABC∽△DFE のとき，x の値を求めなさい。

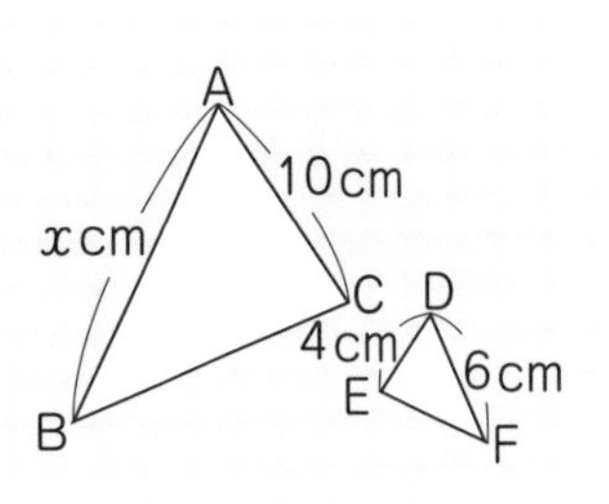

解き方 相似な図形では，対応する辺の比は等しいから，

AB：DF＝AC：〔①　　　〕

x：6＝10：〔②　　　〕

4x＝〔③　　　〕

x＝〔④　　　〕

比例式の性質から，
$a:b=c:d$ ならば，
$ad=bc$
だったね。

(2) 右の図の△ABCで，DE//BC のとき，x，y の値を求めなさい。

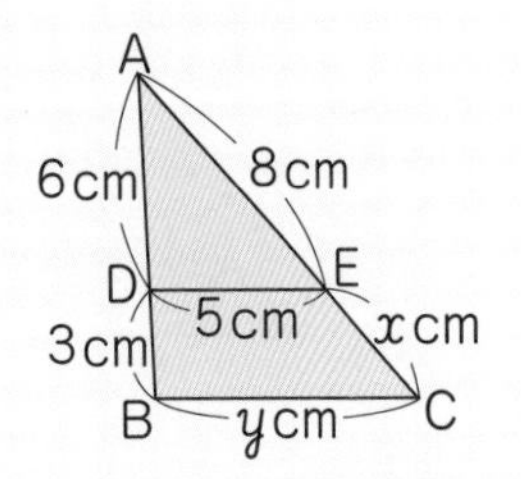

解き方 AD：DB＝AE：EC より，

6：3＝〔①　　　〕：x

6x＝〔②　　　〕

x＝〔③　　　〕

三角形と比の定理を使うよ。

また，AD：AB＝DE：BCより，

6：〔④　　　〕＝5：y

6y＝〔⑤　　　〕

y＝〔⑥　　　〕

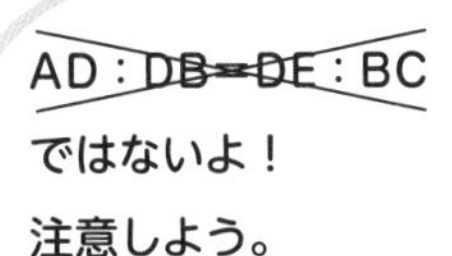

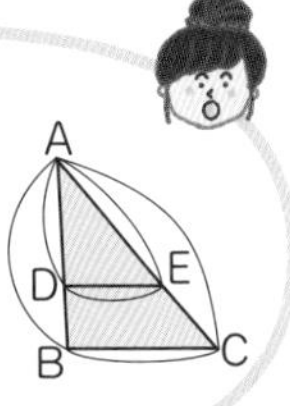

(3) 2つの図形P，Qは相似で，相似比は 4：5 である。
Pの面積が48cm²のとき，Qの面積を求めなさい。

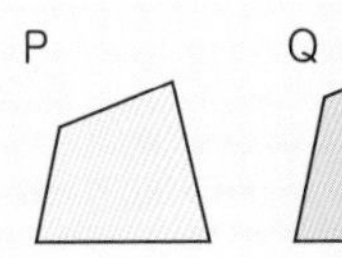

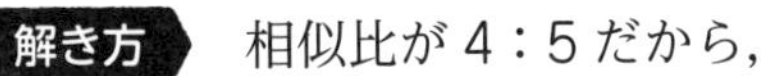

解き方 相似比が 4：5 だから，

面積の比は，4^2：〔①　　　〕^{2}＝16：25

したがって，Qの面積を $x$cm² とすると，

48：x＝16：〔②　　　〕

16x＝48×〔③　　　〕

x＝〔④　　　〕

48は16でわれるよ。
右辺を計算せずに，
両辺を16でわる
ほうが簡単だね。

 答  〔⑤　　　〕cm² 

問題を解こう

/ 100点

1 △ABCと△DEFにおいて，AB=DE，AC=DFであるとき，あと1つどのような条件をつけ加えると，△ABC≡△DEFになるか，次のア～エから適切なものを2つ選び，記号で答えなさい。また，それぞれの場合の合同条件を書きなさい。 各5点×2（10点）

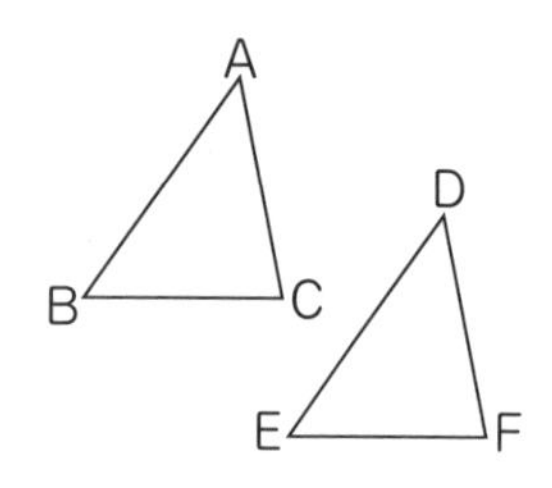

ア　BC=EF　イ　∠A=∠D　ウ　∠B=∠E　エ　∠C=∠F

（記号：　　合同条件：　　）

（記号：　　合同条件：　　）

2 右の図のような平行四辺形ABCDがある。2点B，Dから対角線ACに垂線をひき，ACとの交点をそれぞれE，Fとする。このとき，△ABE≡△CDFであることを証明しなさい。（10点）

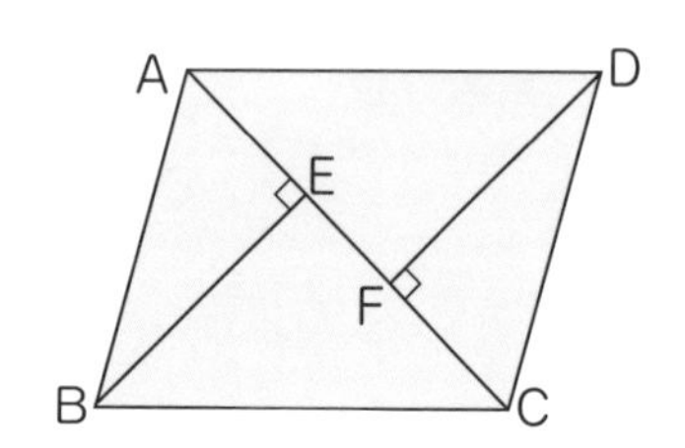

（証明）

3 右の図の△ABCで，辺AB上に点Dを∠ABC=∠ACDとなるようにとる。次の問いに答えなさい。 各10点×2（20点）

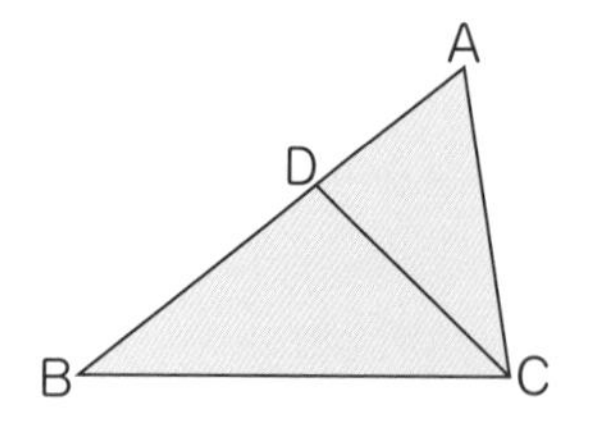

(1) △ABC∽△ACDであることを証明しなさい。

（証明）

(2) AB=8cm，AC=5cmのとき，ADの長さを求めなさい。

（　　）

5(1) 三角形と比の定理で，C，DがAE，BEの延長上にある場合だね。
6(1) 各辺の長さは，中点連結定理から求められるよ。
(2) 三角錐O-DEFと三角錐O-ABCは相似な立体だね。

4 次の図で，xの値を求めなさい。　各10点×2（20点）

(1) DE∥BC

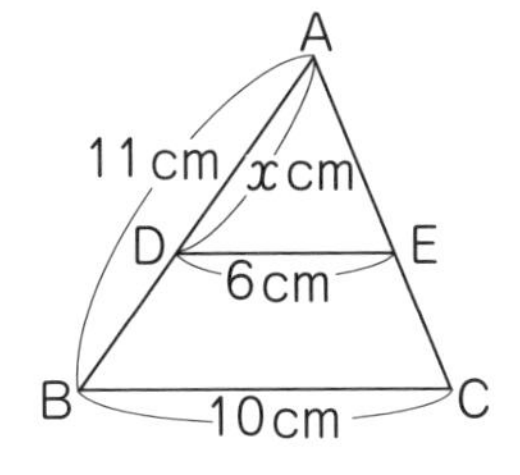

(2) ℓ，m，nは平行

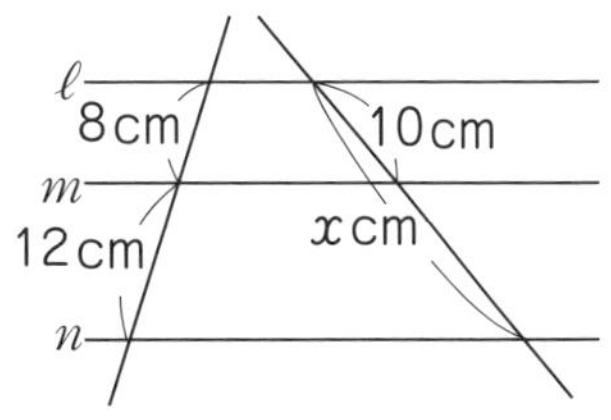

（　　　　　）　（　　　　　）

5 右の図のように，辺BCが共通な△ABCと△DBCがあり，AB∥DCである。辺ACと辺DBの交点をEとし，Eを通りDCに平行な直線と辺BCとの交点をFとする。
次の問いに答えなさい。　各10点×2（20点）

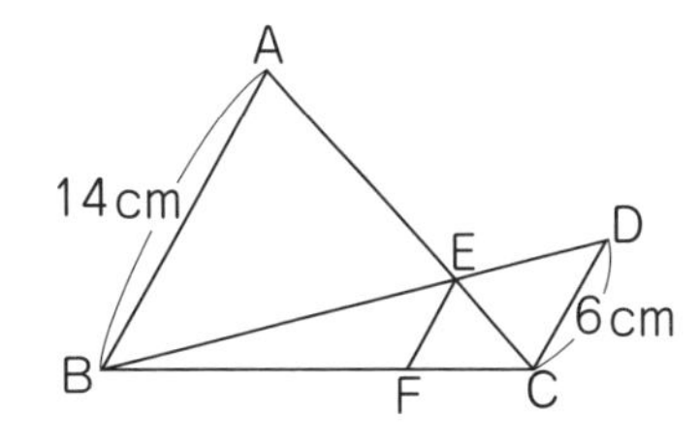

(1) 線分BEと線分DEの長さの比を求めなさい。

（　　　　　）

(2) 線分EFの長さを求めなさい。

（　　　　　）

6 右の図のように，正三角形ABCを底面とする正三角錐O-ABCがある。辺OA，辺OB，辺OCの中点をそれぞれD，E，Fとするとき，次の問いに答えなさい。　各10点×2（20点）

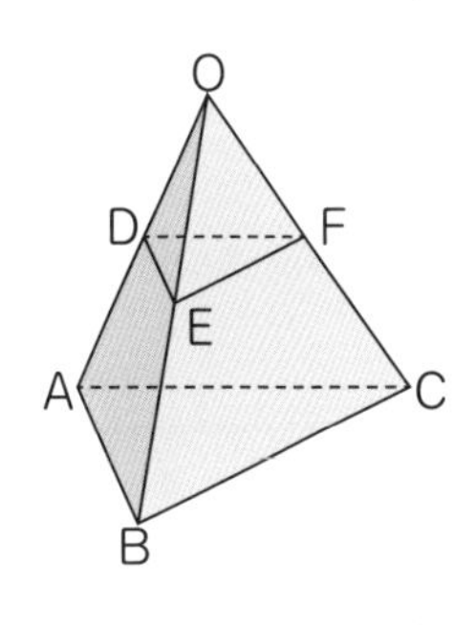

(1) AB＝6cmのとき，△DEFの周の長さを求めなさい。

（　　　　　）

(2) 三角錐O-ABCを3点D，E，Fを通る平面で切って，三角錐O-DEFと立体DEF-ABCに分ける。三角錐O-DEFと立体DEF-ABCの体積の比を求めなさい。

（　　　　　）

8日目はここまで！

9日目 円/三平方の定理

円周角(えんしゅうかく)や三平方(さんへいほう)の定理は，入試でよく出る。しっかり覚えよう。

解答 > p.18～19

要点を確認しよう

攻略のカギ

1 円

・円周角の定理…1つの弧に対する円周角の大きさは一定で，その弧に対する**中心角の半分**である。

・円周角の問題では，**どの弧に対する**円周角かを意識すること。

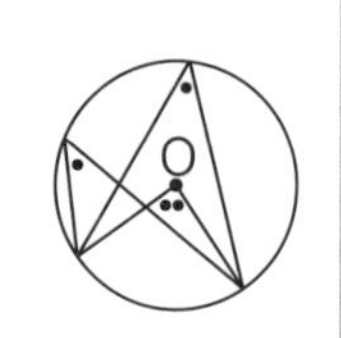

2 三平方の定理

・三平方の定理…右の図の ∠C＝90° の直角三角形ABCで，$a^2+b^2=c^2$

・図形の中に**直角三角形を見つけたり，つくったりする**と，三平方の定理を使っていろいろな長さを求めることができる。

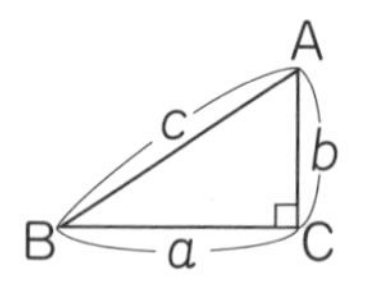

1 円

(1) 右の図で，∠xの大きさを求めなさい。

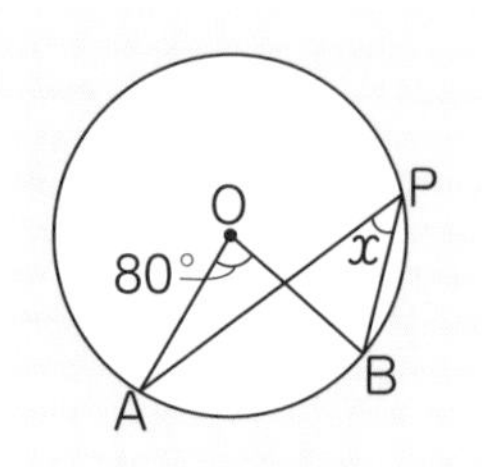

解き方 ∠APBは$\overset{\frown}{AB}$に対する円周角で，

$\overset{\frown}{AB}$に対する中心角は∠〔①　　〕

だから，円周角の定理より，

∠x＝$\frac{1}{2}$×〔②　　〕°＝〔③　　〕°

逆に，中心角を求める問題の場合は円周角を2倍すればいいね。

(2) 右の図で，∠xの大きさを求めなさい。

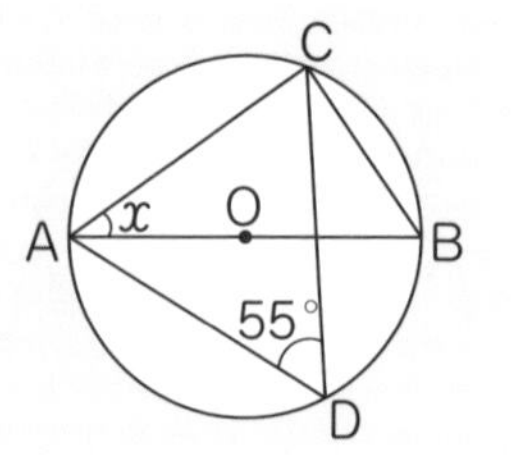

解き方 ABは円Oの直径だから，

∠ACB＝〔①　　〕° ← 半円の弧に対する円周角。

また，$\overset{\frown}{AC}$に対する円周角だから，

∠ABC＝∠〔②　　〕 ← 同じ弧に対する円周角は等しい。

＝〔③　　〕°

したがって，

∠x＝180°－(〔④　　〕°＋55°) ← △ABCの内角の和から求める。

＝〔⑤　　〕°

半円の弧に対する中心角は180°だから，円周角はその半分で90°だよ。

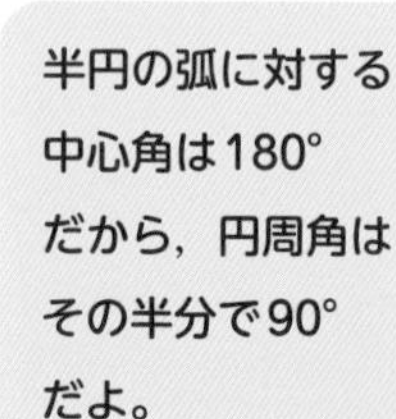

❷ 三平方の定理

(1)　右の図で，xの値を求めなさい。

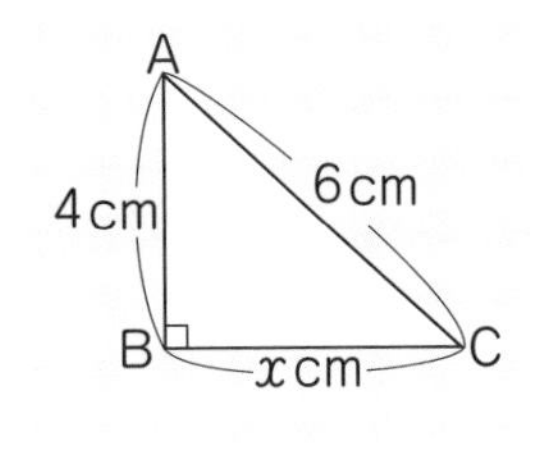

解き方　三平方の定理より，

〔①　　〕$^2+x^2=$〔②　　〕^{2}

$x^2=36-$〔③　　〕

$x^2=20$

$x>0$ だから，$x=\sqrt{20}=$〔④　　〕

(2)　1辺が10cmの正三角形の面積を求めなさい。

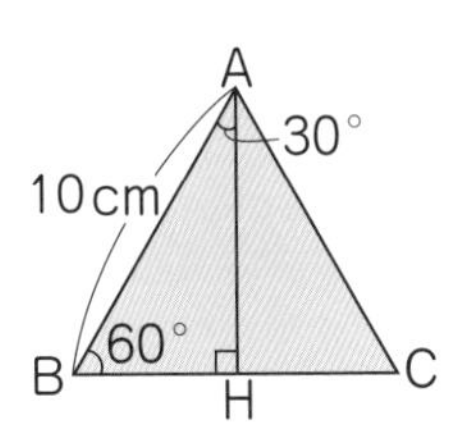

解き方　右の図のように，正三角形ABCで，点Aから辺BCに垂線AHをひくと，△ABHは30°，60°の角をもつ直角三角形になる。

△ABHで，AH＝$x$cmとすると，

$10:x=2:$〔①　　〕

これを解くと，$x=$〔②　　〕

したがって，△ABCの面積は，

$\frac{1}{2}\times\underset{BC}{10}\times$〔③　　〕（AH）＝〔④　　〕(cm^2)

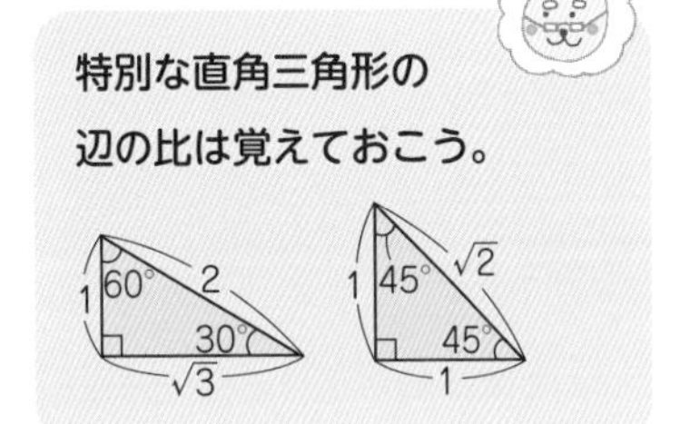

(3)　縦3cm，横5cm，高さ4cmの直方体の対角線の長さを求めなさい。

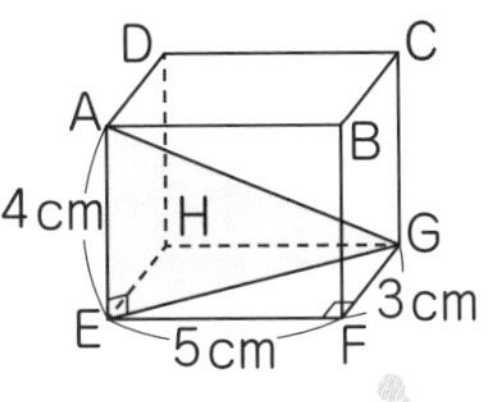
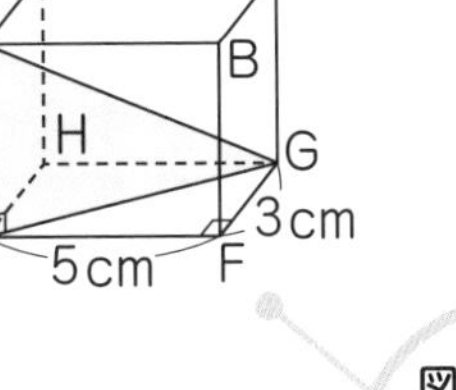

解き方　右の図で，AGが対角線になる。

△AEGは直角三角形だから，

$AG^2=AE^2+EG^2$…①

また，△EFGも直角三角形だから，

$EG^2=EF^2+FG^2$…②

①，②から，$AG^2=AE^2+EF^2+FG^2$

$=4^2+$〔①　　〕$^2+$〔②　　〕^{2}

$=$〔③　　〕

AG＞0 だから，AG＝$\sqrt{〔④　　〕}$＝〔⑤　　〕

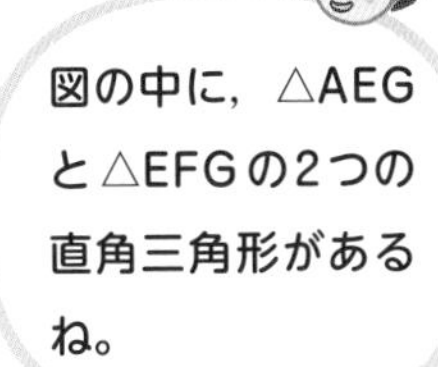

答　〔⑥　　〕cm

問題を解こう

／100点

1 次の図で，$\angle x$の大きさを求めなさい。　　各８点×４（32点）

(1)

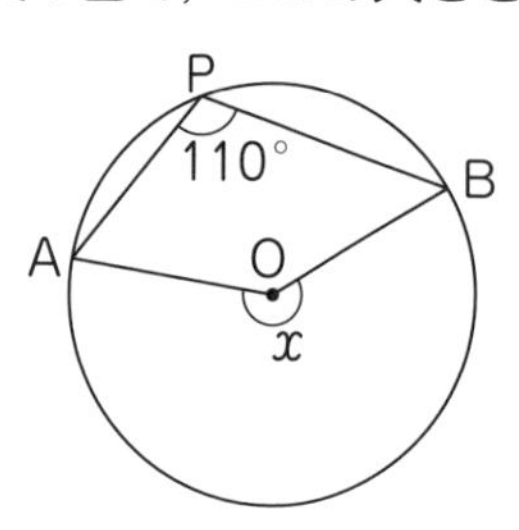

（　　　　　）

(2)

（　　　　　）

(3)

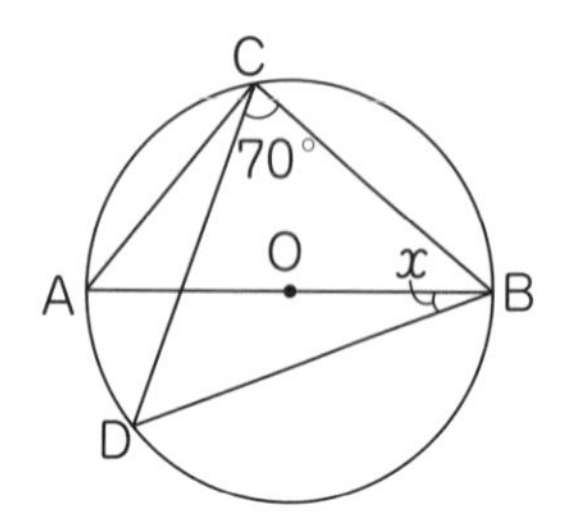

（　　　　　）

(4)　$\overset{\frown}{AB}=\overset{\frown}{BC}=\overset{\frown}{CD}=\overset{\frown}{DE}=\overset{\frown}{EA}$

（　　　　　）

2 右の図のように，３点A，B，Cを通る円Oと△ABCがある。∠Aの二等分線と辺BC，円Oとの交点をそれぞれD，Eとする。このとき，△ABD∽△AEC であることを証明しなさい。　（８点）

（証明）

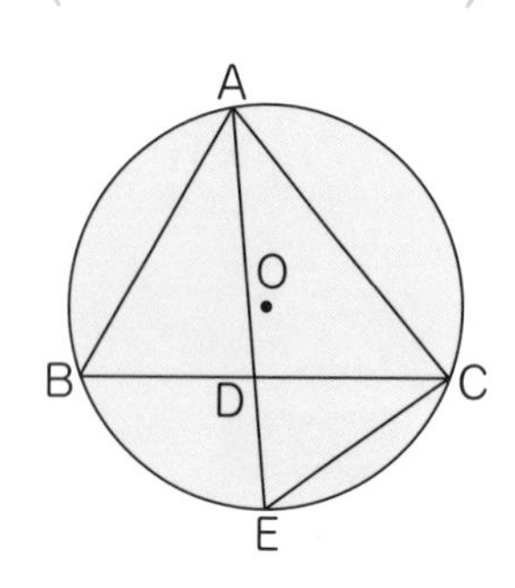

3 次の図で，xの値を求めなさい。　　各８点×２（16点）

(1)

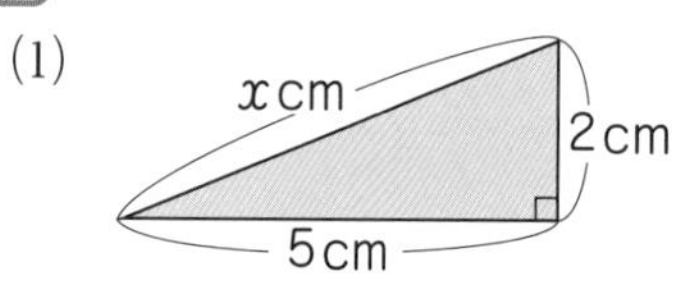

（　　　　　）

(2)

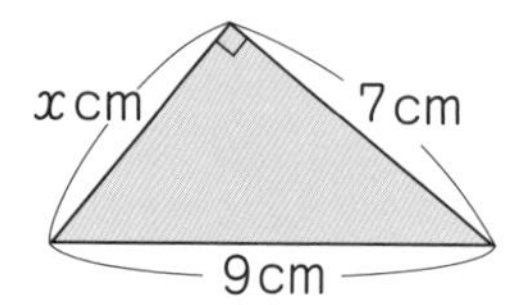

（　　　　　）

1 (2)〜(4)　補助線をひいて考えよう。
5　ABが斜辺で，他の2辺が座標軸に平行な直角三角形をつくろう。
6 (2)　高さOHを求めるため，OHを辺にもつ直角三角形に着目しよう。

4 右の図は，2つの直角三角形を組み合わせたものである。
AB=2cm のとき，次の線分の長さを求めなさい。　各8点×2（16点）

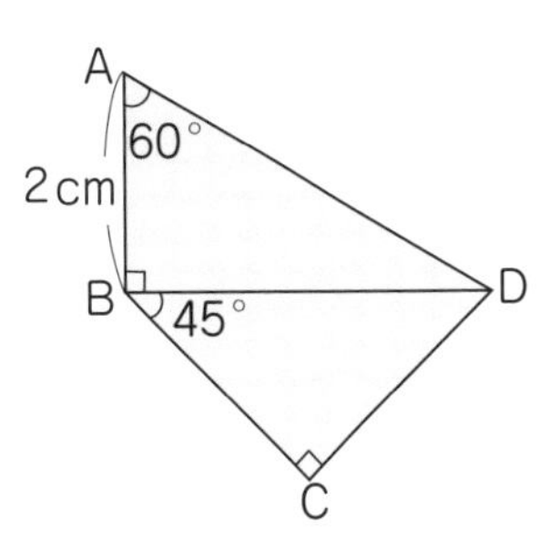

(1)　線分AD

（　　　　　　）

(2)　線分CD

（　　　　　　）

5 右の図で，2点A(−3, 7)とB(5, 1)の間の距離を求めなさい。
（8点）

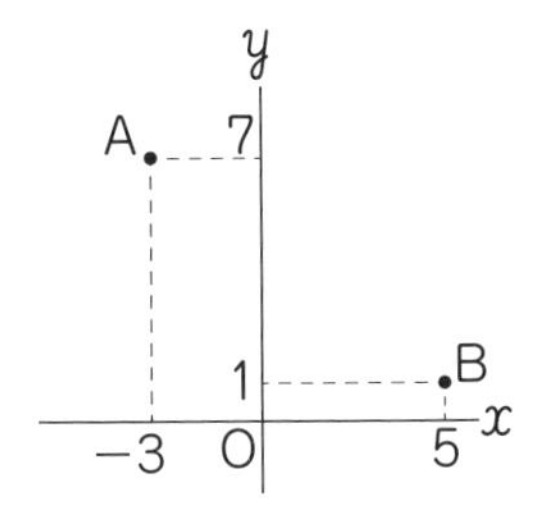

（　　　　　　）

6 右の図のように，底面が1辺6cmの正方形で，他の辺が9cmの正四角錐O-ABCDがある。底面の正方形の対角線の交点をHとすると，OHがこの正四角錐の高さになる。次の問いに答えなさい。　各10点×2（20点）

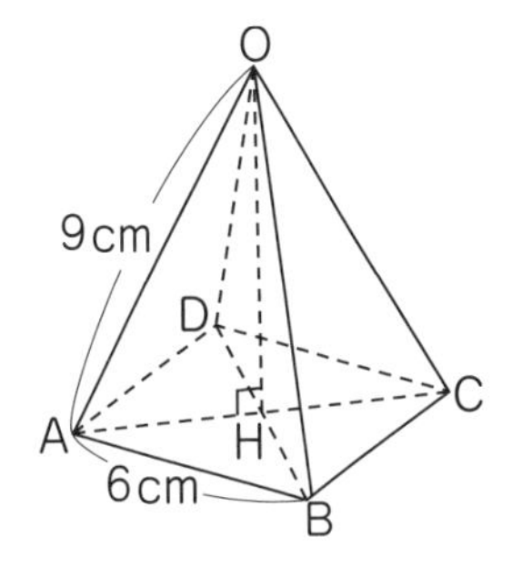

(1)　線分AHの長さを求めなさい。

（　　　　　　）

(2)　正四角錐O-ABCDの体積を求めなさい。

（　　　　　　）

10日目 確率/統計

日常生活に関する題材も多いから，データの扱いに慣れておこう。

解答 > p.20〜21

要点を確認しよう

1 データの活用

・ある階級の度数（どすう）について，全体に対する割合をみるときは，**相対度数**（そうたい）を使う。

・箱ひげ図では，**四分位数**（しぶんいすう）の意味を理解する。第２四分位数は全体の中央値である。

2 確率（かくりつ）

・起こりうるn通りのうち，a通りであることがらの起こる確率p…$p=\frac{a}{n}$

3 標本調査（ひょうほん）

・母集団（ぼしゅうだん）の傾向を正しく推測するために，標本は**無作為**（むさくい）**に抽出**（ちゅうしゅつ）する必要がある。

1 データの活用

(1)　右の表は，生徒40人について，１日の睡眠時間を度数分布表に表したものである。度数が最も多い階級の相対度数を求めなさい。

階級(時間) 以上　未満	度数(人)
5 ～ 6	3
6 ～ 7	7
7 ～ 8	14
8 ～ 9	10
9 ～ 10	6
合計	40

(相対度数) ＝ $\frac{\text{(その階級の度数)}}{\text{(度数の合計)}}$

解き方　度数が最も多い階級は，

〔①　　〕時間以上〔②　　〕時間未満の階級で，

その度数は〔③　　〕人だから，相対度数は，

$\frac{〔④\quad〕}{〔⑤\quad〕}$＝〔⑥　　〕

相対度数は，全体の度数が異なるデータを比べるときに便利だよ。

(2)　下の箱ひげ図は，ある学校の男子生徒のハンドボール投げの記録である。四分位範囲（はんい）を求めなさい。

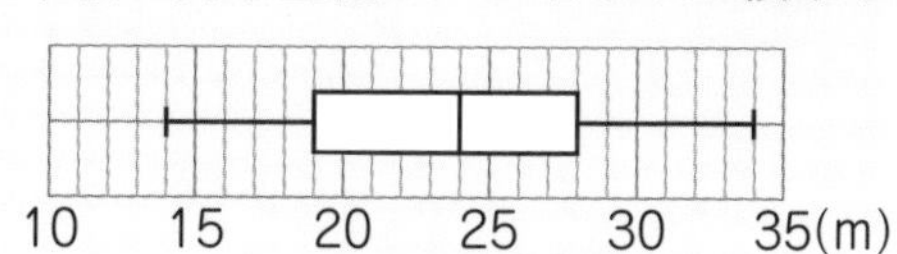

解き方　四分位数を読みとると，第１四分位数が〔①　　〕m,（箱の左端）

第２四分位数が〔②　　〕m，（箱の中の線）第３四分位数が〔③　　〕m（箱の右端）

したがって，四分位範囲は，

〔④　　〕－〔⑤　　〕＝〔⑥　　〕(m)
（第３四分位数）（第１四分位数）

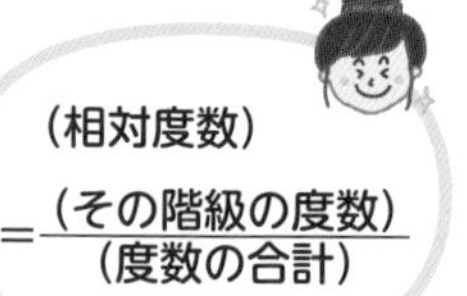

四分位範囲は，データを小さい順に並べたときの，中央値付近のデータのちらばり具合を表しているよ。

❷ 確率

(1) 大小2つのさいころを同時に投げるとき，出た目の数の和が10以上となる確率を求めなさい。

解き方 2つのさいころの目の出方は，右の表のように，

6×〔① 〕＝〔② 〕(通り)

そのうち，出た目の数の和が10以上になるのは，表の○印の〔③ 〕通り。

したがって，求める確率は，$\dfrac{〔④ 〕}{36}$＝〔⑤ 〕

大＼小	1	2	3	4	5	6
1						
2						
3						
4						○
5					○	○
6				○	○	○

2つのさいころを投げる問題では，こういう表をつくるとわかりやすいね。

(2) 赤玉が2個，白玉が2個入っている袋の中から，同時に2個の玉を取り出す。取り出した玉のうち，少なくとも1個は白玉である確率を求めなさい。

解き方 赤玉を❶❷，白玉を③④とする。2個の玉の取り出し方は，(❶，❷)，(❶，③)，(❶，④)，(❷，③)，(❷，④)，(③，④)の〔① 〕通り。このうち，少なくとも1個は白玉であるのは，下線をつけた〔② 〕通り。

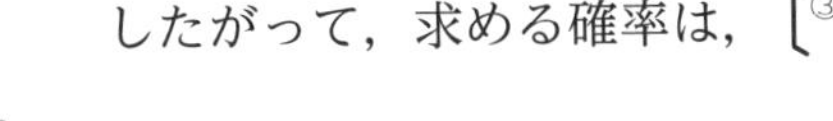

したがって，求める確率は，〔③ 〕

(少なくとも1個は白玉の確率)＝1－(2個とも赤玉の確率)として計算することもできるよ。

❸ 標本調査

ある工場で製造した製品から，400個を無作為に抽出して検査をしたところ，3個が不良品だった。この工場で製造した6000個の製品の中に，不良品は何個あると考えられるか求めなさい。

解き方 求める不良品の個数をx個とする。母集団と標本で，製品に対する不良品の個数の割合は等しいと考えられるから，

6000：x＝〔① 〕：3

これを解くと，x＝〔② 〕

答 およそ〔③ 〕個

母集団は製造した全体の6000個で，標本は無作為に抽出した400個だよ。標本から母集団の不良品の個数を推測するんだ。

ここで学んだ内容を次で確かめよう！

1 下の表は，１年生40人と３年生30人が２学期に図書室で借りた本の冊数についてまとめたものである。あとの問いに答えなさい。

各５点×４（20点）

冊数（冊）	1年生			3年生		
	度数（人）	相対度数	累積相対度数	度数（人）	相対度数	累積相対度数
以上　未満 0 ～ 4	16	0.40	0.40	5	0.17	0.17
4 ～ 8	10	ア	0.65	13	0.43	0.60
8 ～ 12	8	0.20	0.85	7	0.23	イ
12 ～ 16	6	0.15	1.00	5	0.17	1.00
合計	40	1.00		30	1.00	

(1)　表のア，イにあてはまる数を求めなさい。

ア（　　　　）　イ（　　　　）

(2)　１年生で，借りた冊数が12冊未満の生徒の割合は何％か。

（　　　　）

(3)　８冊以上借りた生徒の割合が多いのは，１年生と３年生のどちらか。

（　　　　）

2 下の箱ひげ図は，Ａ組とＢ組であるゲームを行ったときの得点を表したものである。この箱ひげ図から読みとれることとして，次の(1)～(3)が正しいときは○，正しくないときは×，このデータからはわからないときは△を書きなさい。

各10点×３（30点）

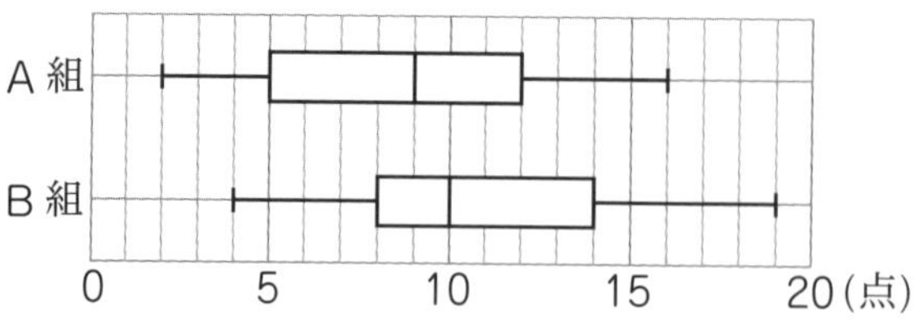

(1)　四分位範囲はＢ組のほうが大きい。

（　　　　）

(2)　得点の平均値はＢ組のほうが大きい。

（　　　　）

(3)　Ａ組，Ｂ組とも，得点が９点以上の人が全体の半数以上いる。

（　　　　）

3(2) 樹形図をかいて考えよう。
(3) (少なくとも1人はあたりの確率)＝1－(2人ともはずれの確率)だね。
4(2) 母集団と標本で，白玉と黒玉の個数の比が等しいことに着目しよう。

3 次の問いに答えなさい。

各10点×3 (30点)

(1) 大小2つのさいころを同時に投げるとき，出た目の数の積が6になる確率を求めなさい。

(　　　　　　　)

(2) 3枚のコインを同時に投げるとき，2枚が表で1枚が裏となる確率を求めなさい。

(　　　　　　　)

(3) 5本のうちあたりが3本入っているくじがある。このくじを姉が1本ひき，それをもどさずに妹が1本ひくとき，少なくとも1人はあたりをひく確率を求めなさい。

(　　　　　　　)

4 次の問いに答えなさい。

各10点×2 (20点)

(1) ある中学校で，全校生徒480人が夏休みにスポーツをした時間を調べるため，80人を対象に標本調査を行うことにした。次の**ア**～**エ**の中から，標本の選び方として最も適切なものを1つ選び，記号で答えなさい。

ア 生徒に調査への参加をよびかけ，応募してきた中から先着順に80人を選ぶ。

イ 運動部員250人の中から，くじびきで80人を選ぶ。

ウ 全校生徒480人に通し番号をつけ，乱数さいを使って80人を選ぶ。

エ 3年生160人に通し番号をつけ，通し番号が奇数の80人を選ぶ。

(　　　　　　　)

(2) 箱の中に同じ白玉だけがたくさん入っている。その個数を調べるため，白玉と同じ大きさの黒玉を60個入れてよくかき混ぜてから，20個の玉を無作為に取り出したところ，黒玉が3個入っていた。はじめに箱の中に入っていた白玉は，およそ何個と考えられるか。

(　　　　　　　)

10日目はここまで！

特集 重要事項のまとめ

数と式

● 絶対値，数の大小

・絶対値 ➡ 数直線上で，その数に対応する点と原点との距離。

・数の大小 ➡ (負の数)$<0<$(正の数)

● 四則の混じった計算の順序

● 計算のきまり

・加法の交換法則 ➡ $a+b=b+a$

・加法の結合法則 ➡ $(a+b)+c=a+(b+c)$

・乗法の交換法則 ➡ $a\times b=b\times a$

・乗法の結合法則 ➡ $(a\times b)\times c=a\times(b\times c)$

・分配法則 ➡ $m(a+b)=ma+mb$

● 乗法公式(因数分解は逆の計算)

①$(x+a)(x+b)=x^2+(a+b)x+ab$

②$(x+a)^2=x^2+2ax+a^2$

③$(x-a)^2=x^2-2ax+a^2$

④$(x+a)(x-a)=x^2-a^2$

● 平方根

・乗法 ➡ $\sqrt{a}\times\sqrt{b}=\sqrt{a\times b}$

・除法 ➡ $\sqrt{a}\div\sqrt{b}=\dfrac{\sqrt{a}}{\sqrt{b}}=\sqrt{\dfrac{a}{b}}$

・加法 ➡ $m\sqrt{a}+n\sqrt{a}=(m+n)\sqrt{a}$

・減法 ➡ $m\sqrt{a}-n\sqrt{a}=(m-n)\sqrt{a}$

・分母の有理化 ➡ $\dfrac{a}{\sqrt{b}}=\dfrac{a\times\sqrt{b}}{\sqrt{b}\times\sqrt{b}}=\dfrac{a\sqrt{b}}{b}$

● 1次方程式の解き方

①xの項を左辺，数の項を右辺に移項する。

②$ax=b$の形にする。

③両辺をaでわる。

● 比例式の性質

$a:b=c:d$ならば，$ad=bc$

● 連立方程式の解き方

加減法や代入法で1つの文字を消去し，文字を1つだけふくむ式をつくる。

● 2次方程式の解き方

・$(x+m)^2=n$ ➡ $x+m=\pm\sqrt{n}$
➡ $x=-m\pm\sqrt{n}$

・$(x-a)(x-b)=0$ ➡ $x=a$，b
※$AB=0$ならば，$A=0$または$B=0$であることを用いる。

・$ax^2+bx+c=0$ ➡ $x=\dfrac{-b\pm\sqrt{b^2-4ac}}{2a}$

(2次方程式の解の公式)

関数

● 比例の式とグラフ

・式 ➡ $y=ax$

・グラフ ➡ 原点を通る直線。

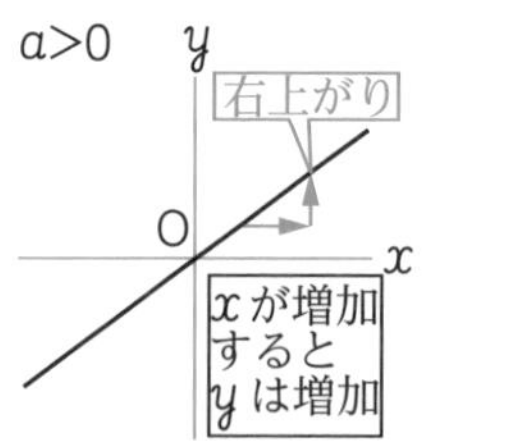

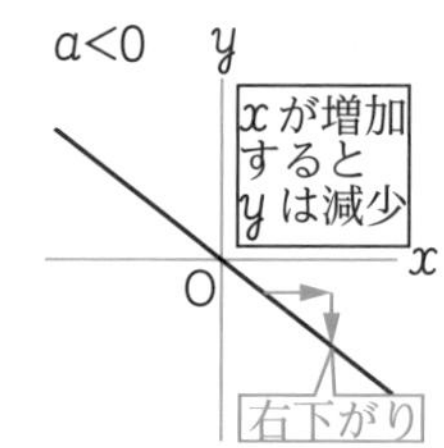

● 反比例の式とグラフ

・式 ➡ $y=\dfrac{a}{x}$

・グラフ ➡ 双曲線。原点について対称で，x軸，y軸とは交わらない。

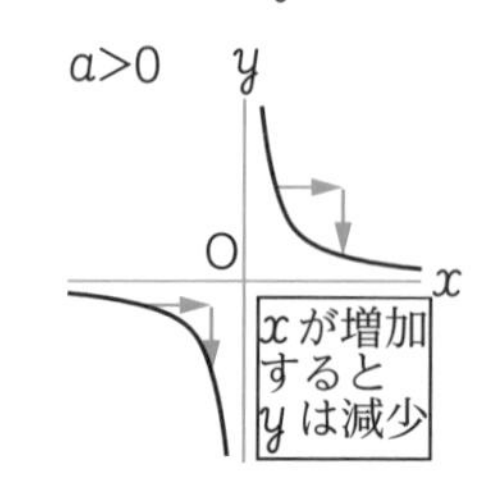

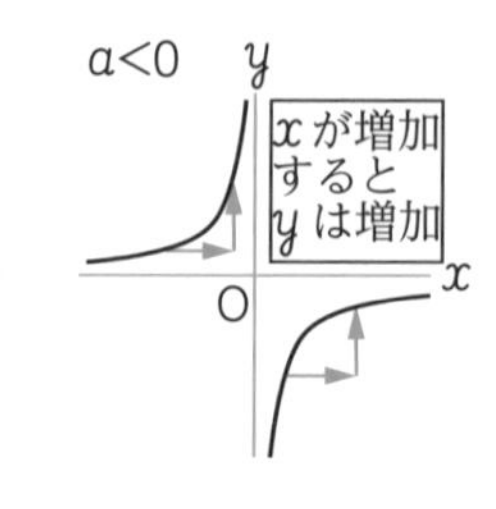

● 1次関数の式とグラフ

・式 ➡ $y=ax+b$

・(変化の割合)$=\dfrac{(y\text{の増加量})}{(x\text{の増加量})}$ は一定で，aに等しい。

・グラフ ➡ 傾きa，切片bの直線。

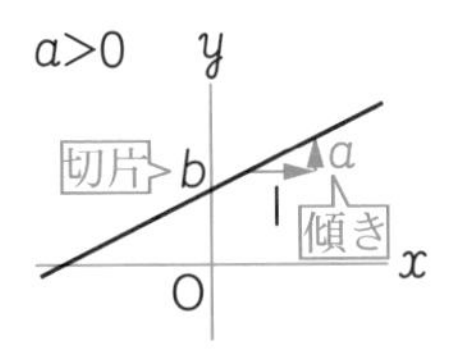

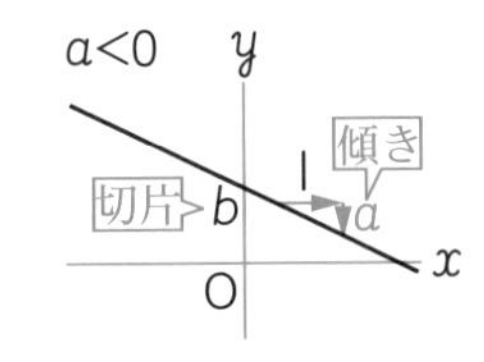

● 方程式とグラフ

2直線 $y=ax+b$，$y=cx+d$ の交点の座標の求め方 ➡ 連立方程式 $\begin{cases} y=ax+b \\ y=cx+d \end{cases}$ を解く。

● 関数 $y=ax^2$ の式とグラフ

・式 ➡ $y=ax^2$ (yはxの2乗に比例する。)

・(変化の割合)$=\dfrac{(y\text{の増加量})}{(x\text{の増加量})}$ は一定ではない。

・グラフ ➡ 放物線。原点を通り，y軸について対称。

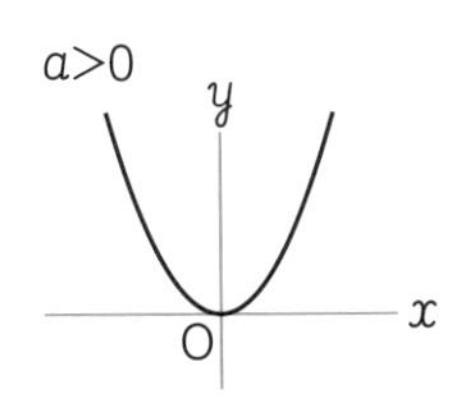

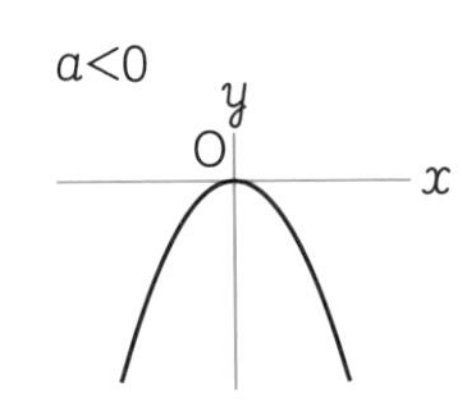

図形

● 基本の作図

・垂直二等分線

・角の二等分線

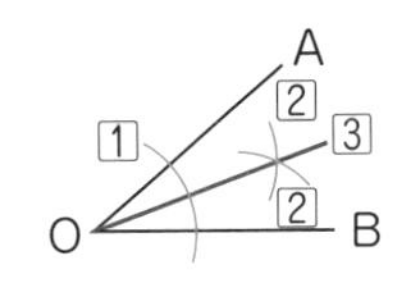

・垂線1

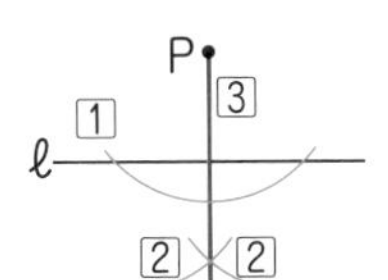

・垂線2

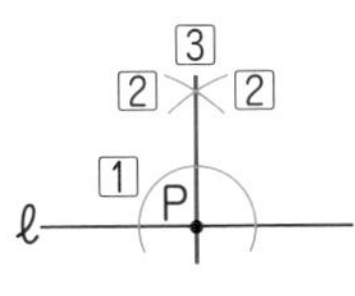

● おうぎ形

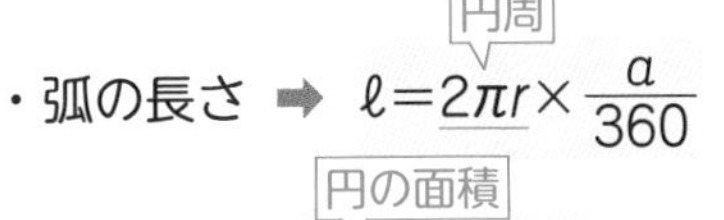

・弧の長さ ➡ $\ell=2\pi r\times\dfrac{a}{360}$（$2\pi r$：円周）

・面積 ➡ $S=\pi r^2\times\dfrac{a}{360}$（$\pi r^2$：円の面積）

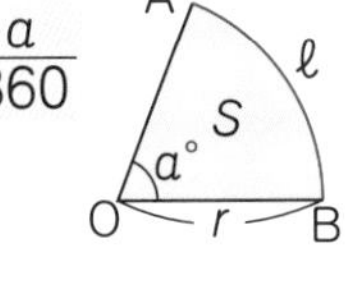

● 立体の体積と表面積

・角柱，円柱の体積

➡ $V=Sh$

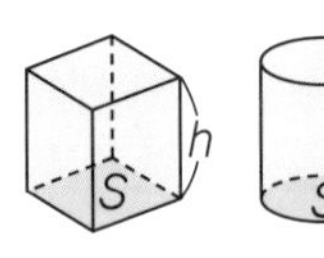

・角錐，円錐の体積

➡ $V=\dfrac{1}{3}Sh$

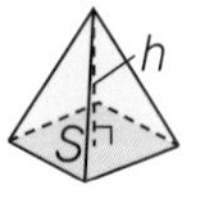

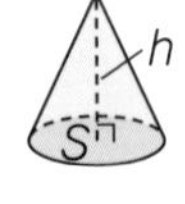

・球の体積 ➡ $V=\dfrac{4}{3}\pi r^3$

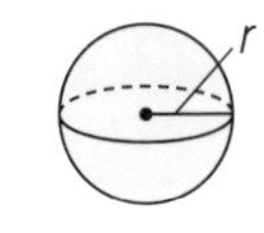

・球の表面積 ➡ $S=4\pi r^2$

● 平行線と角

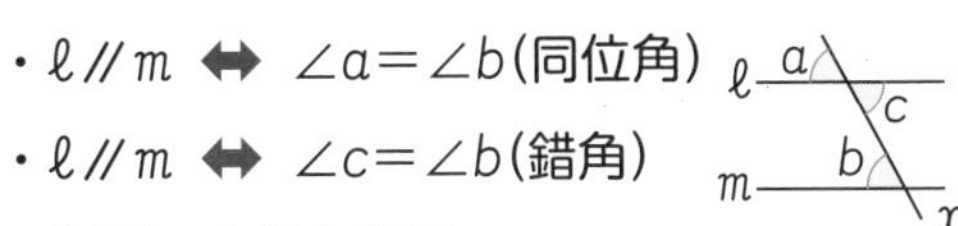

・$\ell /\!/ m$ ⬌ $\angle a=\angle b$(同位角)

・$\ell /\!/ m$ ⬌ $\angle c=\angle b$(錯角)

● 三角形の内角と外角

・内角の和 ➡ 180°

・右の図で，$\angle c=\angle a+\angle b$

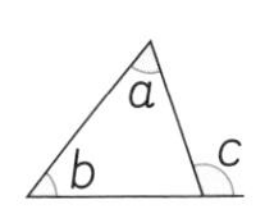

● 多角形の内角と外角

・n角形の内角の和 ➡ $180^\circ\times(n-2)$

・外角の和 ➡ 何角形でも360°

● 三角形の合同条件

①3組の辺がそれぞれ等しい。

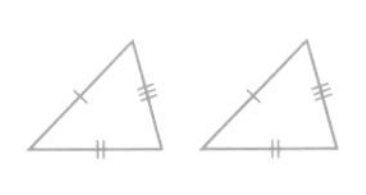

②2組の辺とその間の角がそれぞれ等しい。

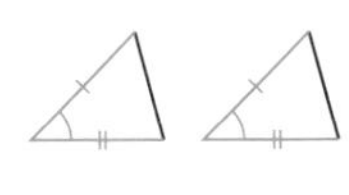

③1組の辺とその両端の角がそれぞれ等しい。

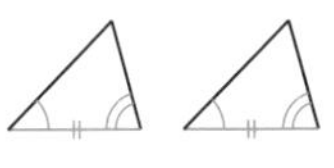

● 直角三角形の合同条件

①斜辺と1つの鋭角がそれぞれ等しい。

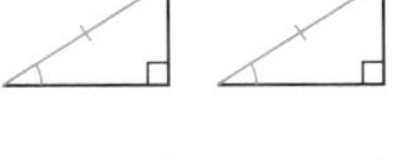

②斜辺と他の1辺がそれぞれ等しい。

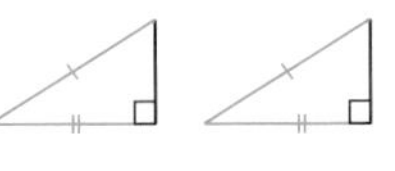

● 二等辺三角形の性質

①底角は等しい。

②頂角の二等分線は，底辺を垂直に2等分する。

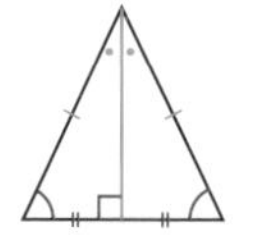

● 平行四辺形の性質

①2組の対辺はそれぞれ等しい。

②2組の対角はそれぞれ等しい。

③対角線は，それぞれの中点で交わる。

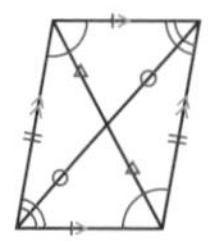

● 三角形の相似条件

①3組の辺の比がすべて等しい。

②2組の辺の比とその間の角がそれぞれ等しい。

③2組の角がそれぞれ等しい。

● 三角形と比

DE∥BC ならば，

①AD：AB＝AE：AC
　　＝DE：BC

②AD：DB＝AE：EC

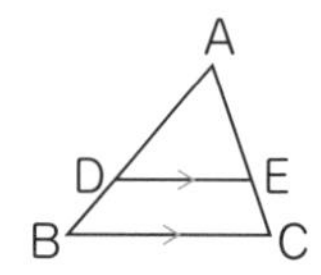

● 中点連結定理

AM＝MB，AN＝NC ならば，

MN∥BC，MN＝$\frac{1}{2}$BC

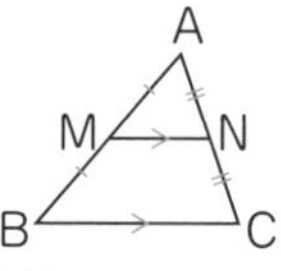

● 相似な図形の面積の比，体積の比

・相似な平面図形で，相似比が $m:n$
　➡ 面積の比は $m^2:n^2$

・相似な立体で，相似比が $m:n$
　➡ 表面積の比は $m^2:n^2$，
　　体積の比は $m^3:n^3$

● 円周角の定理

・∠APB＝$\frac{1}{2}$∠AOB

・∠APB＝∠AQB

・半円の弧に対する円周角は90°

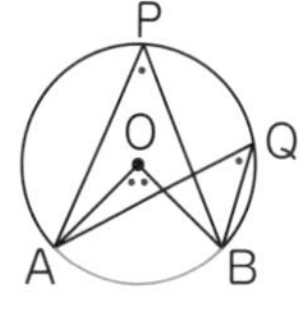

● 三平方の定理

右の直角三角形ABC（∠C＝90°）で，

$a^2+b^2=c^2$

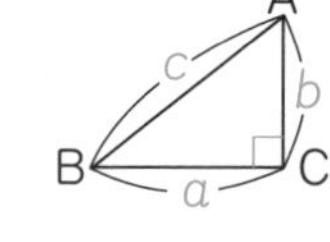

● 特別な直角三角形の3辺の比

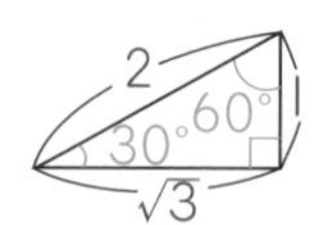

データの活用

● データの整理

・(相対度数)＝$\frac{\text{(その階級の度数)}}{\text{(度数の合計)}}$

・累積度数 ➡ 最初の階級からある階級までの度数の合計。

・累積相対度数 ➡ 最初の階級からある階級までの相対度数の合計。

・(範囲)＝(最大値)－(最小値)

・中央値(メジアン) ➡ データを大きさの順に並べたときの中央の値。

・最頻値(モード) ➡ データの中で，もっとも多く出てくる値。

● 箱ひげ図

・(四分位範囲)
　＝(第3四分位数)－(第1四分位数)

・箱ひげ図

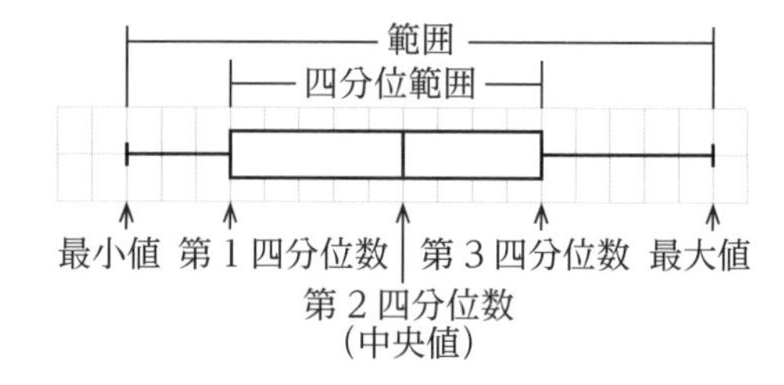

● 確率

・起こりうる場合がn通り，そのうち，Aの起こる場合がa通りあるとき，

Aの起こる確率p ➡ $p=\frac{a}{n}$ $(0 \leqq p \leqq 1)$

入試チャレンジテスト

数学

検査時間

1. この冊子は，テキスト本体からはぎとって使うことができます。
2. 解答用紙は，この冊子の中心についています。冊子の留め金から解答用紙をはずして答えを記入することができます。
3. 答えは，すべて解答用紙の指定されたところに記入しましょう。
4. 問題は，６問で10ページです。
5. 時間をはかって，制限時間内に問題を解きましょう。
6. 問題を解く際にメモをするときは，この冊子の余白を使いましょう。
7. 「解答と解説」の22ページで答え合わせをして，得点を書きましょう。

1 次の問いに答えなさい。

(1) 次の計算をしなさい。

① $-9-(-5)$ [神奈川]

② $24xy^2 \div (-8xy) \times 2x$ [愛媛]

③ $\sqrt{45}-\frac{10}{\sqrt{5}}$ [長崎]

(2) x^2+5x-6 を因数分解しなさい。 ［鳥取］

(3) $x=\frac{1}{5}$，$y=-\frac{3}{4}$ のとき，$(7x-3y)-(2x+5y)$ の値を求めなさい。 ［京都］

2 次の問いに答えなさい。

(1) 2次方程式 $x^2+9x+7=0$ を解きなさい。 [千葉]

(2) y は x に反比例し，$x=3$ のとき $y=2$ である。y を x の式で表しなさい。 [山口]

(3) 大小2つのさいころを同時に投げるとき，大きいさいころの目の数が小さいさいころの目の数の2倍以上となる確率を求めなさい。 [愛知]

(4) Aの畑で収穫したジャガイモ50個とBの畑で収穫したジャガイモ80個について，1個ずつの重さを調べ，その結果を右の度数分布表に整理した。

次の［　　］は，「150g以上250g未満」の階級の相対度数について，述べたものである。［①］，［②］に，それぞれあてはまる適切なことがらを書き入れなさい。

[三重]

階級(g)	度数(個)	
	Aの畑で収穫したジャガイモ	Bの畑で収穫したジャガイモ
以上　未満 50～150	14	24
150～250	18	28
250～350	11	17
350～	7	11
計	50	80

AとBを比較して「150g以上250g未満」の階級について，相対度数が大きいのは［①］の畑で収穫したジャガイモであり，その相対度数は［②］である。

(5) 半径2cmの球の表面積は何cm^2か，求めなさい。ただし，円周率はπとする。 [兵庫]

(6) 右の図のように，線分ABを直径とする円Oの周上に2点C，Dがある。

∠ACD=62°のとき，∠BADの大きさを求めなさい。

［大分］

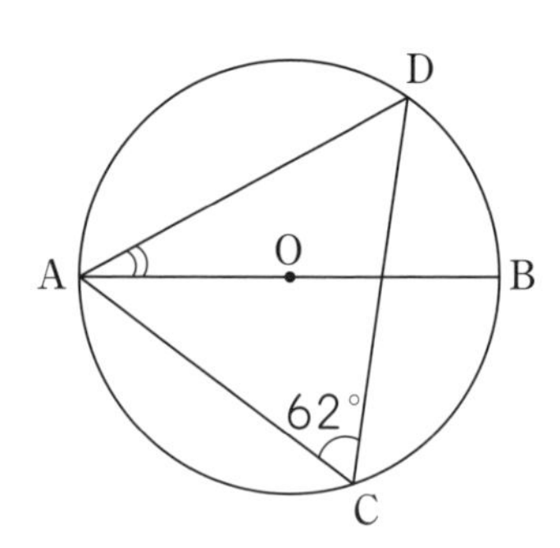

(7) 右の図の四角形ABCDにおいて，点Bと点Dが重なるように折ったときにできる折り目の線と辺AB，BCとの交点をそれぞれP，Qとする。2点P，Qを定規とコンパスを使って作図しなさい。

ただし，点を示す記号P，Qをかき入れ，作図に用いた線は消さないこと。

［北海道］

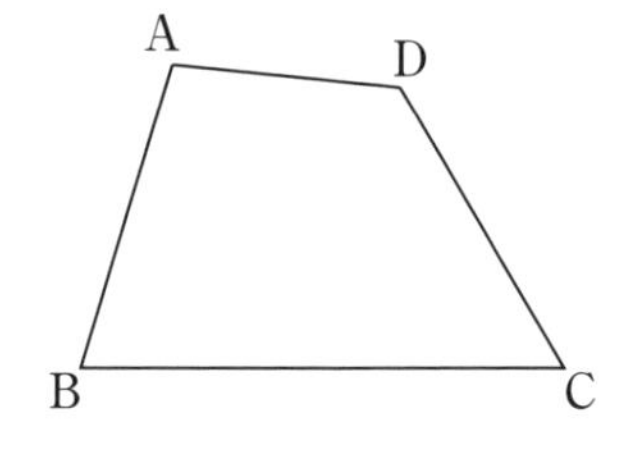

入試チャレンジテスト 数学

1							
	(1)	①		②		③	
	(2)						
	(3)						

2					
	(1)				
	(2)	$y=$			
	(3)				
	(4)	①		②	
	(5)				cm^2
	(6)				度
	(7)	A D B C			

3	
	(式と計算) 答　Mサイズのレジ袋…　　枚 Lサイズのレジ袋…　　枚

4	(1)	$a=$
	(2)	
	(3)	

5	(証明)

6	(1)	$r=$
	(2)	cm
	(3)	cm

3 ペットボトルが５本入る１枚３円のＭサイズのレジ袋と，ペットボトルが８本入る１枚５円のＬサイズのレジ袋がある。ペットボトルが合わせてちょうど70本入るようにＭサイズとＬサイズのレジ袋を購入したところ，レジ袋の代金の合計は43円であった。このとき，購入したＭサイズとＬサイズのレジ袋はそれぞれ何枚か。ただし，Ｍサイズのレジ袋の枚数をx枚，Ｌサイズのレジ袋の枚数をy枚として，その方程式と計算過程も書くこと。なお，購入したレジ袋はすべて使用し，Ｍサイズのレジ袋には５本ずつ，Ｌサイズのレジ袋には８本ずつペットボトルを入れるものとし，消費税は考えないものとする。　［鹿児島］

4 下の図のように，関数 $y=ax^2$ のグラフ上に３点A，B，Cがある。点Aの座標はA(2，2)，点Bの x 座標は−6，点Cの x 座標は4である。

このとき，次の問いに答えなさい。 [佐賀]

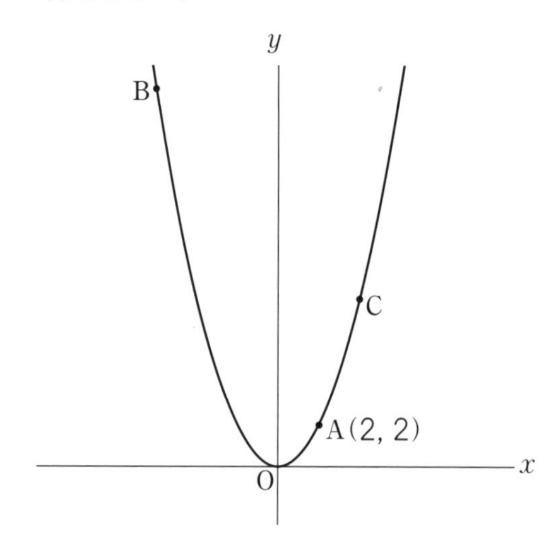

(1) a の値を求めなさい。

(2) 点Cの y 座標を求めなさい。

(3) ２点B，Cを通る直線の切片を求めなさい。

5 下の図において，△ABC≡△DBE であり，辺AC と辺BE との交点をF，辺BC と辺DE との交点をG，辺AC と辺DE との交点をH とする。

このとき，AF＝DG となることを証明しなさい。 ［福島］

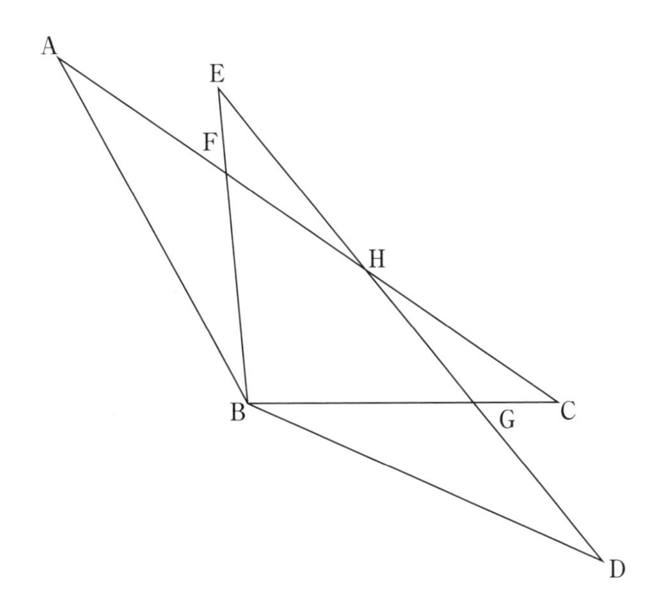

6 右の図１のように，頂点がA，高さが12cmの円すいの形をした容器がある。この容器の中に半径$r$cmの小さい球を入れると，容器の側面に接し，Aから小さい球の最下部までの長さが3cmのところで止まった。

次に，半径$2r$cmの大きい球を容器に入れると，小さい球と容器の側面に接して止まり，大きい球の最上部は底面の中心Bにも接した。

また，図2は，図１を正面から見た図である。

このとき，次の問いに答えなさい。

ただし，円周率はπとし，容器の厚さは考えないものとする。 ［富山］

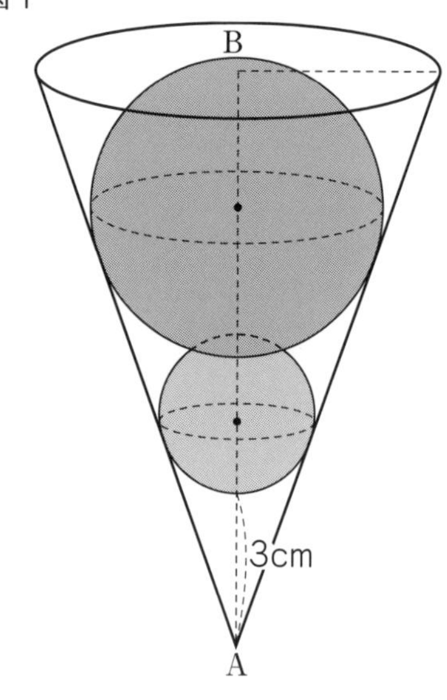

図2

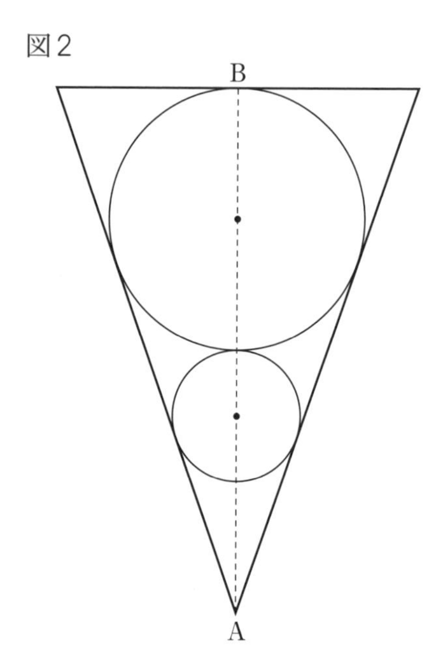

(1) rの値を求めなさい。

(2) 容器の底面の半径を求めなさい。

(3) 大きい球が容器の側面に接している部分の長さを求めなさい。

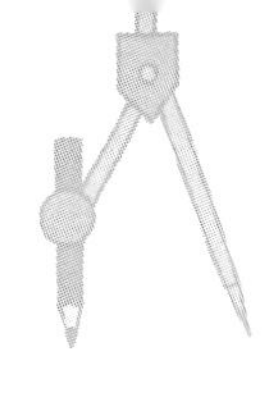
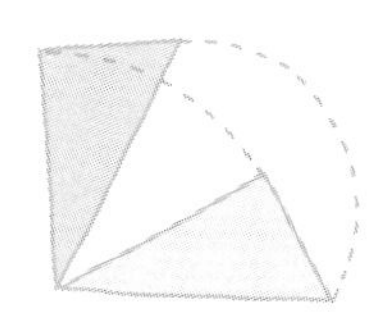
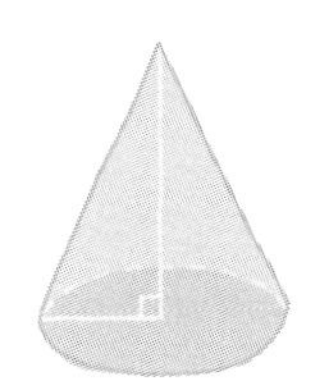
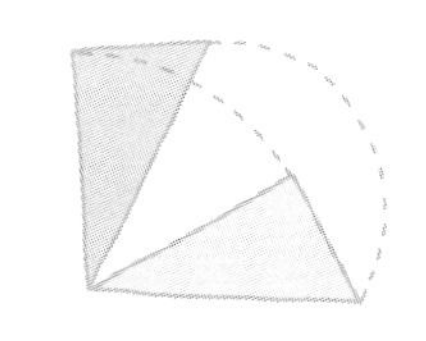
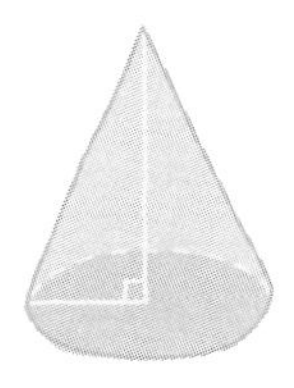
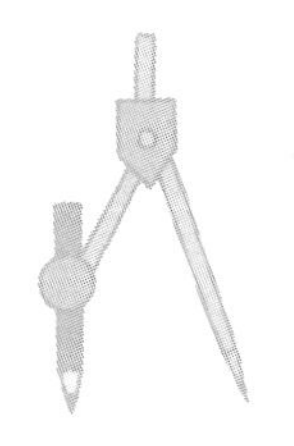

コーチと入試対策！

10日間 完成

中学3年間の総仕上げ 数学

解答と解説

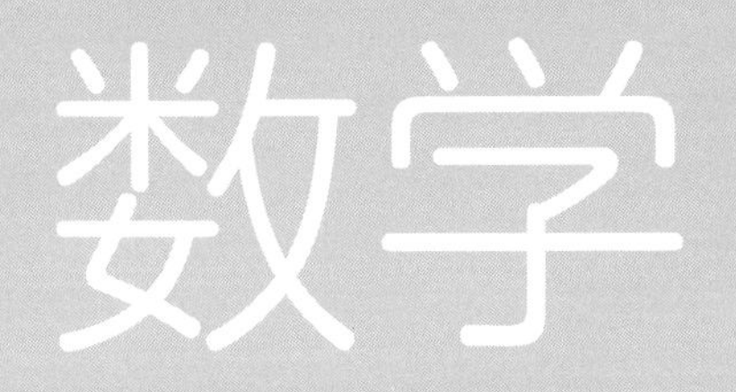
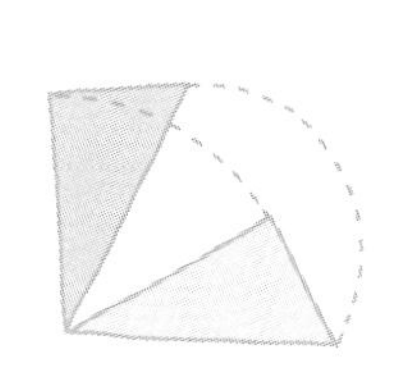
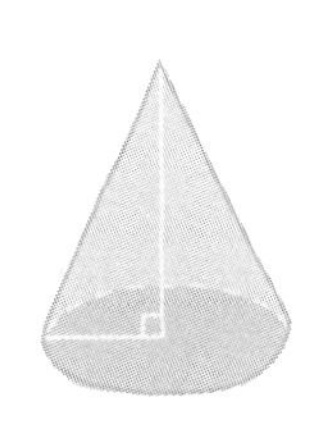
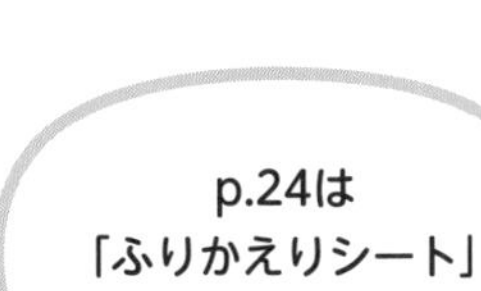
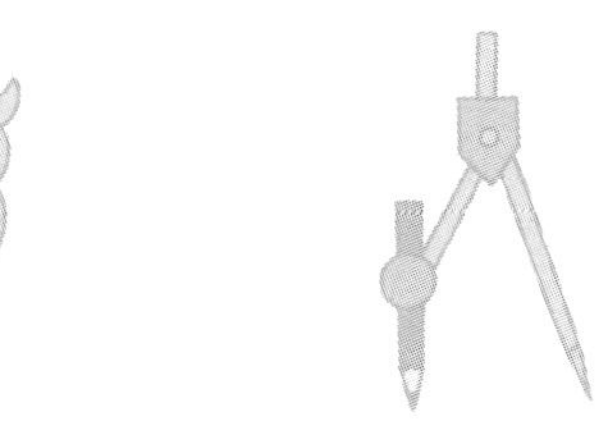
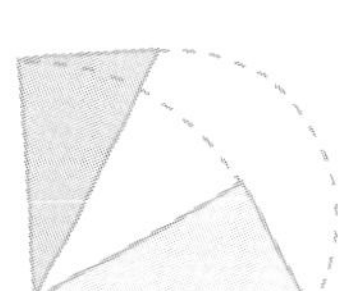

「解答と解説」は
取りはずして使おう！

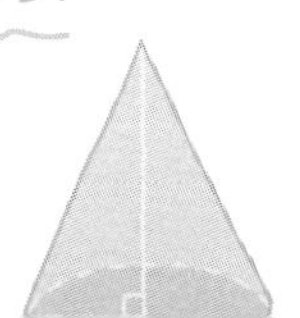

1日目 正負の数/式の計算

要点を確認しよう p.6～7

1 (1) ① +4 ② −7 ③ 10 ④ −4
(2) ① 9 ② 18 ③ 13
(3) ① 2 ② 3 ③ 2 ④ 3

問題を解こう p.8～9

1 (3)わる数が分数だから，わる数の逆数をかける計算になおす。
(4)$-5^2=-(5\times5)$
$=-25$
(5)$(-2)^3$
$=(-2)\times(-2)\times(-2)$
$=-8$
(6)分配法則を使ってかっこをはずす。

2 (1)(2)かっこをはずして同類項をまとめる。
(3)通分するときは，分子にかっこをつける。
注意 方程式ではないので，分母をはらってはいけない。
(4)係数の積に文字の積をかける。
(5)−が2個(偶数個)だから，符号は+になる。
また，わる式は分母におくから，
$A\div B\div C=\frac{A}{B\times C}$
となる。
(6)$\div\frac{18}{5}a^2b\to\div\frac{18a^2b}{5}\to\times\frac{5}{18a^2b}$

1 次の計算をしなさい。 各5点×6 (30点)

(1) $-1-6$
$=-(1+6)$
$=-7$
(-7)

(2) $4+(-9)-(-3)$
$=4-9+3$
$=4+3-9$
$=7-9$
$=-2$
(-2)

(3) $8\div\left(-\frac{2}{7}\right)$
$=8\times\left(-\frac{7}{2}\right)$
$=-28$
(-28)

(4) $-5^2\times(2-4)$
$=-25\times(-2)$
$=50$
(50)

(5) $30+32\div(-2)^3$
$=30+32\div(-8)$
$=30+(-4)$
$=26$
(26)

(6) $\left(\frac{3}{4}-\frac{5}{6}\right)\times12$
$=\frac{3}{4}\times12-\frac{5}{6}\times12$
$=9-10$
$=-1$
(-1)

2 次の計算をしなさい。 各5点×6 (30点)

(1) $a+2+2(a-3)$
$=a+2+2a-6$
$=3a-4$
($3a-4$)

(2) $4(5x-y)-7(3x-2y)$
$=20x-4y-21x+14y$
$=-x+10y$
($-x+10y$)

(3) $\frac{2x-y}{3}+\frac{x+2y}{4}$
$=\frac{4(2x-y)+3(x+2y)}{12}$
$=\frac{8x-4y+3x+6y}{12}$ 別解 $\frac{11}{12}x+\frac{1}{6}y$
$=\frac{11x+2y}{12}$
($\frac{11x+2y}{12}$)

(4) $\frac{9}{10}a^2\times\left(-\frac{5}{6}ab^2\right)$
$=\frac{9}{10}\times\left(-\frac{5}{6}\right)\times a^2\times ab^2$
$=-\frac{3}{4}a^3b^2$
($-\frac{3}{4}a^3b^2$)

(5) $40x^2y^2\div(-5x)\div(-8xy)$
$=\frac{40x^2y^2}{5x\times8xy}$
$=y$
(y)

(6) $\frac{1}{2}a\times(-6b)^2\div\frac{18}{5}a^2b$
$=\frac{a}{2}\times36b^2\times\frac{5}{18a^2b}$
$=\frac{a\times36b^2\times5}{2\times18a^2b}=\frac{5b}{a}$
($\frac{5b}{a}$)

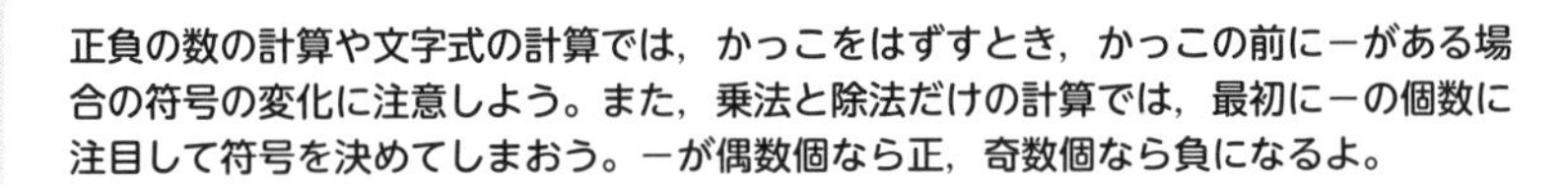

2 (1) ① $12a$　② $-12b$　③ $15a-10b$　(2) ① 2　② 18　③ $-8x+10y$　④ $\dfrac{x+y}{18}$
(3) ① $3b$　② $6ab$　③ $-4a$　(4) ① $5x$　② $-3+\dfrac{5}{3}x\left(\dfrac{-9+5x}{3}\right)$

---

3 次の問いに答えなさい。　各5点×2（10点）

(1) 90を素因数分解しなさい。

$$\begin{array}{r|l} 2 & 90 \\ 3 & 45 \\ 3 & 15 \\ & 5 \end{array}$$

（ $90=2\times3^2\times5$ ）

(2) $150n$が，ある自然数の2乗になるような自然数nのうち，最も小さいものを求めなさい。

150を素因数分解すると，$150=2\times3\times5^2$
したがって，150に$6(=2\times3)$をかけると，
$150\times6=(2\times3\times5^2)\times(2\times3)$
$=2^2\times3^2\times5^2=(2\times3\times5)^2=30^2$

$$\begin{array}{r|l} 2 & 150 \\ 3 & 75 \\ 5 & 25 \\ & 5 \end{array}$$

（ $n=6$ ）

4 $x=-2$，$y=\dfrac{1}{3}$のとき，$8(2x-y)-(5x-2y)$の値を求めなさい。　（5点）

$8(2x-y)-(5x-2y)=16x-8y-5x+2y=11x-6y$
これに$x=-2$，$y=\dfrac{1}{3}$を代入すると，$11\times(-2)-6\times\dfrac{1}{3}=-22-2=-24$

（ -24 ）

5 次の等式を〔 〕の中の文字について解きなさい。　各5点×2（10点）

(1) $4x-7y+3=0$　〔x〕

$4x=7y-3$
$x=\dfrac{7y-3}{4}$

（ $x=\dfrac{7y-3}{4}$ ）

(2) $a=\dfrac{b+c}{2}$　〔c〕

$\dfrac{b+c}{2}=a$
$b+c=2a$
$c=2a-b$

（ $c=2a-b$ ）

6 右の表は，1から30までの整数を順に並べたものである。

この表で縦に並んだ3つの数を▭で囲むとき，3つの数の和は，真ん中の数の3倍になる。

たとえば，3つの数が8，14，20のとき，和は$8+14+20=42$で，これは真ん中の数14の3倍に等しい。$(14\times3=42)$

1	2	3	4	5	6
7	8	9	10	11	12
13	14	15	16	17	18
19	20	21	22	23	24
25	26	27	28	29	30

このことを説明した次の文の＿＿にあてはまる式を求めなさい。　各5点×3（15点）

〔説明〕
3つの数のうち，真ん中の数をnとすると，上の数は＿①＿，下の数は＿②＿と表される。
3つの数の和は，（＿①＿）$+n+$（＿②＿）＝＿③＿
したがって，3つの数の和は，真ん中の数の3倍になる。

①（ $n-6$ ）　②（ $n+6$ ）　③（ $3n$ ）

---

3 (1) アドバイス
どの素数からわっていっても，同じ答えになる。

例
$$\begin{array}{r|l} 3 & 90 \\ 5 & 30 \\ 2 & 6 \\ & 3 \end{array}$$

$90=3\times5\times2\times3$
$=2\times3^2\times5$

ただし，小さい素数から順にわっていくと，指数でまとめるとき，同じ素数を見落とす危険は減る。

4 最初からx，yの値を代入すると，計算が複雑になるので，先に式を簡単にしてから代入する。

5 (2)解く対象の文字が右辺だけにあるときは，最初に左辺と右辺を入れかえるとよい。

6 1行に6個ずつ並んでいるから，nの上の数はnより6小さく，nの下の数はnより6大きい。

2日目 多項式の計算／平方根

要点 を確認しよう p.10～11

1 (1) ① 3　② $ab+2a+3b+6$

(2) ① 2　② 5　③ $x^2+10x+25$

(3) ① $2a$　② $2a(a+3b)$　(4) ① -5　② $(x-2)(x-5)$

問題 を解こう p.12～13

1 (1)$15a^2-6ab$ の各項を $-3a$ でわる。
(2)$(x+a)(x+b)$で，$a=8$，$b=-9$ の場合である。
(3)$2a$，$7b$ をそれぞれ1つの文字とみて乗法公式を使う。
(4)展開してから同類項をまとめる。

2 (2)$81y^2=(9y)^2$ だから，$9y$を1つの文字とみる。
(3)まず共通因数3をくくり出す。
(4)まず展開して整理する。

3 (2)⚠注意 $\sqrt{80}+\sqrt{20}=\sqrt{100}$ ではないので注意しよう。
(3)分母を有理化して計算する。
(4)乗法→加法の順に計算する。
(5)$(x+a)(x+b)$で，$x=\sqrt{3}$，$a=5$，$b=-3$ の場合とみると乗法公式が使える。
(6)乗法公式を使って展開してから，整理する。

1 次の計算をしなさい。　各5点×4（20点）

(1) $(15a^2-6ab)\div(-3a)$
$=-\frac{15a^2}{3a}+\frac{6ab}{3a}$
$=-5a+2b$
（ $-5a+2b$ ）

(2) $(x+8)(x-9)$
$=x^2+\{8+(-9)\}x+8\times(-9)$
$=x^2-x-72$
（ x^2-x-72 ）

(3) $(2a+7b)(2a-7b)$
$=(2a)^2-(7b)^2$
$=4a^2-49b^2$
（ $4a^2-49b^2$ ）

(4) $2x(4x-y)-(x-5y)^2$
$=8x^2-2xy-(x^2-10xy+25y^2)$
$=8x^2-2xy-x^2+10xy-25y^2$
$=7x^2+8xy-25y^2$
（ $7x^2+8xy-25y^2$ ）

2 次の式を因数分解しなさい。　各5点×4（20点）

(1) $x^2+8x+16$
$=x^2+2\times4\times x+4^2$
$=(x+4)^2$
（ $(x+4)^2$ ）

(2) x^2-81y^2
$=x^2-(9y)^2$
$=(x+9y)(x-9y)$
（ $(x+9y)(x-9y)$ ）

(3) $3x^2+9x-120$
$=3(x^2+3x-40)$
$=3(x-5)(x+8)$
（ $3(x-5)(x+8)$ ）

(4) $(x-1)(x-4)+x$
$=x^2-5x+4+x$
$=x^2-4x+4$
$=(x-2)^2$
（ $(x-2)^2$ ）

3 次の計算をしなさい。　各5点×6（30点）

(1) $\sqrt{72}\div\sqrt{2}$
$=\frac{\sqrt{72}}{\sqrt{2}}=\sqrt{\frac{72}{2}}=\sqrt{36}=6$
（ 6 ）

(2) $\sqrt{80}+\sqrt{20}$
$=4\sqrt{5}+2\sqrt{5}$
$=6\sqrt{5}$
（ $6\sqrt{5}$ ）

(3) $\sqrt{28}-\frac{35}{\sqrt{7}}$
$=2\sqrt{7}-\frac{35\times\sqrt{7}}{\sqrt{7}\times\sqrt{7}}$
$=2\sqrt{7}-5\sqrt{7}=-3\sqrt{7}$
（ $-3\sqrt{7}$ ）

(4) $\sqrt{6}+\sqrt{12}\times\sqrt{2}$
$=\sqrt{6}+\sqrt{24}$
$=\sqrt{6}+2\sqrt{6}$
$=3\sqrt{6}$
（ $3\sqrt{6}$ ）

(5) $(\sqrt{3}+5)(\sqrt{3}-3)$
$=(\sqrt{3})^2+\{5+(-3)\}\sqrt{3}+5\times(-3)$
$=3+2\sqrt{3}-15$
$=-12+2\sqrt{3}$
（ $-12+2\sqrt{3}$ ）

(6) $(\sqrt{2}-1)^2-\sqrt{18}$
$=(\sqrt{2})^2-2\times1\times\sqrt{2}+1^2-3\sqrt{2}$
$=2-2\sqrt{2}+1-3\sqrt{2}$
$=3-5\sqrt{2}$
（ $3-5\sqrt{2}$ ）

乗法公式を逆にすると因数分解の公式になるよ。
①′ $x^2+(a+b)x+ab=(x+a)(x+b)$　②′ $x^2+2ax+a^2=(x+a)^2$
③′ $x^2-2ax+a^2=(x-a)^2$　④′ $x^2-a^2=(x+a)(x-a)$

2 (1) ① 15　② ＞　③ ＞　(2) ① $\sqrt{2}$　② $\sqrt{2}$　③ $4\sqrt{2}$　④ $\frac{2\sqrt{2}}{3}$
(3) ① 3　② 5　③ $\sqrt{5}$　④ $6\sqrt{15}$　(4) ① 2　② 5　③ 1　④ 5　⑤ $6\sqrt{2}$

4 次の問いに答えなさい。　各5点×2（10点）

(1) $a=13$，$b=38$ のとき，$9a^2-b^2$ の値を求めなさい。

$9a^2-b^2=(3a+b)(3a-b)$
これに $a=13$，$b=38$ を代入すると，
$(3\times13+38)\times(3\times13-38)=(39+38)\times(39-38)=77\times1=77$　（ 77 ）

(2) $x=\sqrt{5}+7$ のとき，$x^2-14x+49$ の値を求めなさい。

$x^2-14x+49=(x-7)^2$
これに $x=\sqrt{5}+7$ を代入すると，
$(\sqrt{5}+7-7)^2=(\sqrt{5})^2=5$　（ 5 ）

5 次の問いに答えなさい。　各5点×2（10点）

(1) 3つの数 -8，$-\sqrt{65}$，$-3\sqrt{7}$ の大小を，不等号を使って表しなさい。

それぞれの絶対値を2乗すると，$8^2=64$，$(\sqrt{65})^2=65$，$(3\sqrt{7})^2=63$
$63<64<65$ だから，$\sqrt{63}<\sqrt{64}<\sqrt{65}$
負の数は絶対値が大きいほど小さいから，$-\sqrt{65}<-\sqrt{64}<-\sqrt{63}$
（ $-\sqrt{65}<-8<-3\sqrt{7}$ ）

(2) $\sqrt{20-n}$ の値が自然数となるような自然数 n の値をすべて求めなさい。

n は自然数だから，$20-n$ は20より小さい。
また，$\sqrt{20-n}$ が自然数になるのは，$20-n$ が自然数の2乗のときだから，
あてはまる値は，$1(=1^2)$，$4(=2^2)$，$9(=3^2)$，$16(=4^2)$
$20-n=1$ のとき $n=19$　$20-n=4$ のとき $n=16$
$20-n=9$ のとき $n=11$　$20-n=16$ のとき $n=4$
（ $n=4$，11，16，19 ）

6 ある数 a の小数第1位を四捨五入すると32になった。このとき，a の範囲を不等号を使って表しなさい。　（5点）

a の範囲は右の図のとおり。
31.5以上で32.5より小さい。
31.5　32　32.5
（ $31.5\leqq a<32.5$ ）

7 連続する2つの整数で，大きいほうの数の2乗から小さいほうの数の2乗をひいた差は，もとの2つの整数の和になる。このことを，文字を使って次のように証明した。証明の続きを書きなさい。　（5点）

〔証明〕 連続する2つの整数で，小さいほうの数を n とすると，
大きいほうの数は $n+1$ と表される。
大きいほうの数の2乗から小さいほうの数の2乗をひいた差は，
$(n+1)^2-n^2=n^2+2n+1-n^2=2n+1$
また，もとの2つの整数の和は，$n+(n+1)=2n+1$
したがって，連続する2つの整数で，大きいほうの数の2乗から小さいほうの数の2乗をひいた差は，もとの2つの整数の和になる。

4 式の値を求める問題で，そのまま代入すると計算が複雑になりそうなときは，展開や因数分解を利用して式を簡単にしてから代入すると，計算量を減らせることが多い。

5 (1)まず符号をはずした絶対値の大きさで比べてから，負の数について考えるとよい。
(2)「$\sqrt{●}$ が自然数(または整数)となるとき」という形の問題は入試でよく出題される。しっかり練習しよう。

6 ⚠注意
$31.5\leqq a\leqq32.4$ は誤り。たとえば，この範囲にふくまれない32.49も，小数第1位を四捨五入すると32になる。つまり，「a は32.5より小さい数」として，「$a<32.5$」と表す必要がある。

3日目 1次方程式/連立方程式

要点を確認しよう p.14～15

1 (1) ① $3x$　② 8　③ 4
(2) ① 6　② $2x$　③ -24
(3) ① 3　② 24　③ 12

問題を解こう p.16～17

1 (2)かっこをはずして整理する。符号に注意する。
(3)分母が4，6だから，最小公倍数の12を両辺にかけて，分母をはらう。
(4)xの係数が整数になるように，両辺に10をかける。
⚠注意 右辺の各項に10をかけるとき，整数の-2にかけ忘れないように。

2 比例式の性質「$a:b=c:d$ならば，$ad=bc$」を利用する。

3 (2)一方の式を何倍かするだけでは，xもyも係数をそろえられないので，それぞれの式を何倍かする。①×5，②×3でyの係数をそろえてもよい。
(3)①が「$x=\sim$」の形だから，代入法で解くとよい。
(4)まず，①の分母をはらって，係数を整数にする。

---

1 次の方程式を解きなさい。　各5点×4 (20点)

(1) $2x+3=5x+9$
$2x-5x=9-3$
$-3x=6$
$x=-2$
($x=-2$)

(2) $7x-3(x+1)=17$
$7x-3x-3=17$
$4x=20$
$x=5$
($x=5$)

(3) $\dfrac{x-2}{4}=\dfrac{x-5}{6}$
$\dfrac{x-2}{4}\times12=\dfrac{x-5}{6}\times12$
$(x-2)\times3=(x-5)\times2$
$3x-6=2x-10$
$x=-4$
($x=-4$)

(4) $-0.3x+0.1=0.4x-2$
$(-0.3x+0.1)\times10=(0.4x-2)\times10$
$-3x+1=4x-20$
$-7x=-21$
$x=3$
($x=3$)

2 次の比例式を解きなさい。　各5点×2 (10点)

(1) $16:x=4:5$
$x\times4=16\times5$
$4x=80$
$x=20$
($x=20$)

(2) $2:9=8:(x+3)$
$2(x+3)=9\times8$
$2x+6=72$
$2x=66$
$x=33$
($x=33$)

3 次の連立方程式を解きなさい。　各5点×4 (20点)

(1) $\begin{cases}2x+y=4 \cdots ① \\ 5x-2y=1 \cdots ②\end{cases}$
①×2　$4x+2y=8$
②　$+)\ 5x-2y=1$
$9x=9$
$x=1$
$x=1$を①に代入すると，
$2+y=4$
$y=2$
($x=1,\ y=2$)

(2) $\begin{cases}2x-3y=6 \cdots ① \\ 3x-5y=11 \cdots ②\end{cases}$
①×3　$6x-9y=18$
②×2　$-)\ 6x-10y=22$
$y=-4$
$y=-4$を①に代入すると，
$2x+12=6$
$x=-3$
($x=-3,\ y=-4$)

(3) $\begin{cases}x=-4y+7 \cdots ① \\ 2x+3y=-1 \cdots ②\end{cases}$
①を②に代入すると，
$2(-4y+7)+3y=-1$
$-8y+14+3y=-1$
$-5y=-15$
$y=3$
$y=3$を①に代入すると，
$x=-4\times3+7=-5$
($x=-5,\ y=3$)

(4) $\begin{cases}\dfrac{1}{2}x-\dfrac{5}{6}y=7 \cdots ① \\ x+2y=-8 \cdots ②\end{cases}$
①×6　$3x-5y=42$
②×3　$-)\ 3x+6y=-24$
$-11y=66$
$y=-6$
$y=-6$を②に代入すると，
$x+2\times(-6)=-8$
$x=4$
($x=4,\ y=-6$)

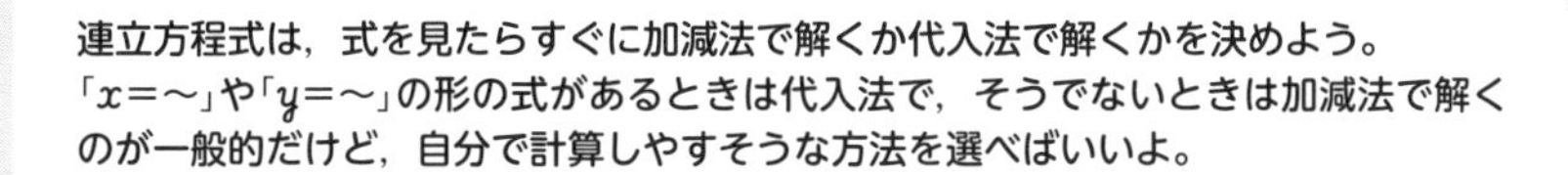

2 (1) ① 12　② -5　③ 5　④ 5　⑤ 5　⑥ -4　⑦ -4　⑧ 5
(2) ① $-x+3$　② $4x-12$　③ 18　④ 2　⑤ 2　⑥ 2　⑦ 1　⑧ 2　⑨ 1

4 連立方程式 $8x+3y=x+2y+4=-1$ を解きなさい。（10点）

$\begin{cases}8x+3y=-1\\x+2y+4=-1\end{cases}$ を解く。

整理すると，$\begin{cases}8x+3y=-1\cdots①\\x+2y=-5\cdots②\end{cases}$

① $8x+3y=-1$
②×8 $-)\ 8x+16y=-40$
$-13y=39$
$y=-3$

$y=-3$ を②に代入すると，
$x+2\times(-3)=-5$
$x=1$

（ $x=1$，$y=-3$ ）

5 次の問いに答えなさい。各10点×2（20点）

(1) x についての1次方程式 $9x-8=ax+20$ の解が $x=7$ であるとき，a の値を求めなさい。

方程式に $x=7$ を代入すると，
$9\times7-8=a\times7+20$
$-7a=-35$
$a=5$

（ $a=5$ ）

(2) x と y についての連立方程式 $\begin{cases}ax+by=10\\-bx+ay=5\end{cases}$ の解が $x=2$，$y=-1$ であるとき，a，b の値を求めなさい。

方程式に $x=2$，$y=-1$ を代入すると，
$\begin{cases}2a-b=10\\-2b-a=5\end{cases}$ → $\begin{cases}2a-b=10\cdots①\\-a-2b=5\cdots②\end{cases}$

①×2 $4a-2b=20$
② $-)\ -a-2b=5$
$5a=15$
$a=3$

$a=3$ を①に代入すると，
$2\times3-b=10$
$b=-4$

（ $a=3$，$b=-4$ ）

6 次の問いに答えなさい。各10点×2（20点）

(1) 同じ値段のボールペンを8本買うには，持っているお金では200円たりないが，6本買うと100円余る。このボールペン1本の値段を求めなさい。

ボールペン1本の値段を x 円として，持っているお金を2通りの式で表す。
8本買うには200円たりないから，持っているお金は $(8x-200)$ 円
6本買うと100円余るから，持っているお金は $(6x+100)$ 円
したがって，$8x-200=6x+100$　$2x=300$　$x=150$

（ 150円 ）

(2) A町からB町までの道のりは14kmである。とおるさんが，自転車でA町からB町まで行くのに，A町から途中のP町まで時速15km，P町からB町まで時速12kmで走ったところ，全体で1時間かかった。A町からP町までの道のりと，P町からB町までの道のりをそれぞれ求めなさい。

A町からP町までの道のりを x km，
P町からB町までの道のりを y kmとする。
道のりに着目すると，$x+y=14\cdots①$
かかった時間に着目すると，$\frac{x}{15}+\frac{y}{12}=1\cdots②$

①，②を連立方程式として解く。
①×5 $5x+5y=70$
②×60 $-)\ 4x+5y=60$
$x=10$
$x=10$ を①に代入すると，$10+y=14$　$y=4$

（ A町からP町まで…10km，P町からB町まで…4km ）

4 アドバイス
本冊の「ヒント」のどの組み合わせで解いてもよいが，左のように「文字の式＝数」の形の組み合わせにすると，計算量が減らせる。

5 解を方程式に代入して，求める文字についての新たな方程式をつくる問題。この形式に慣れておこう。

6 (1)「たりない」「余る」とはどういうことか考え，符号に注意して式をつくる。
(2)道のりの関係に着目した式，時間の関係に着目した式をつくる。時間は
$(時間)=\frac{(道のり)}{(速さ)}$
で表される。

注意 方程式の文章題を解くときは，「解が問題にあっているかどうか」も確認してから，答えを書くこと。

4日目 2次方程式

要点を確認しよう　p.18～19

1 (1) ① 24　② 12　③ 12　④ $\pm 2\sqrt{3}$
(2) ① 7　② 4　③ -10　④ 4　⑤ -10　(④と⑤は逆でもよい。)

問題を解こう　p.20～21

1 (1)，(2)は平方根の考え方を使う。
(3)～(6)は因数分解を使う。
(5)解は1つになる。
(6)⚠注意 $3x^2=15x$ の両辺を x でわって，
$3x=15$　$x=5$
としてはいけない。$x=0$ の場合，0でわってしまうことになる。どんな数も0でわることはできない。
(7)～(10)は解の公式を使う。$\sqrt{\ }$ の中はできるだけ小さい自然数にすること。
(9)最後は約分することに注意する。
(10) $\dfrac{-3+5}{4}=\dfrac{1}{2}$，$\dfrac{-3-5}{4}=-2$ より，$x=\dfrac{1}{2}$，-2

2 $ax^2+bx+c=0$ の形にしてから，因数分解を使う。
(1)右辺を左辺に移項して整理する。
(2)まず，かっこをはずす。

1 次の方程式を解きなさい。　各5点×10(50点)

(1) $(x-8)^2=25$
$x-8=\pm 5$
$x-8=5$ から $x=13$，
$x-8=-5$ から $x=3$
($x=13$，3)

(2) $(x+4)^2-7=0$
$(x+4)^2=7$
$x+4=\pm\sqrt{7}$
$x=-4\pm\sqrt{7}$
($x=-4\pm\sqrt{7}$)

(3) $x^2+3x+2=0$
$(x+1)(x+2)=0$
$x+1=0$ または $x+2=0$
よって，$x=-1$，-2
($x=-1$，-2)

(4) $x^2+6x-27=0$
$(x-3)(x+9)=0$
$x-3=0$ または $x+9=0$
よって，$x=3$，-9
($x=3$，-9)

(5) $x^2-20x+100=0$
$(x-10)^2=0$
$x-10=0$
$x=10$
($x=10$)

(6) $3x^2=15x$
$3x^2-15x=0$
$3x(x-5)=0$
$3x=0$ または $x-5=0$
よって，$x=0$，5
($x=0$，5)

(7) $5x^2-9x+3=0$
解の公式より，
$x=\dfrac{-(-9)\pm\sqrt{(-9)^2-4\times5\times3}}{2\times5}$
$=\dfrac{9\pm\sqrt{21}}{10}$
($x=\dfrac{9\pm\sqrt{21}}{10}$)

(8) $x^2+7x+1=0$
$x=\dfrac{-7\pm\sqrt{7^2-4\times1\times1}}{2\times1}$
$=\dfrac{-7\pm\sqrt{45}}{2}$
$=\dfrac{-7\pm3\sqrt{5}}{2}$
($x=\dfrac{-7\pm3\sqrt{5}}{2}$)

(9) $x^2-6x+4=0$
$x=\dfrac{-(-6)\pm\sqrt{(-6)^2-4\times1\times4}}{2\times1}$
$=\dfrac{6\pm\sqrt{20}}{2}=\dfrac{6\pm2\sqrt{5}}{2}=3\pm\sqrt{5}$
($x=3\pm\sqrt{5}$)

(10) $2x^2+3x-2=0$
$x=\dfrac{-3\pm\sqrt{3^2-4\times2\times(-2)}}{2\times2}$
$=\dfrac{-3\pm\sqrt{25}}{4}=\dfrac{-3\pm5}{4}$
よって，$x=\dfrac{1}{2}$，-2
($x=\dfrac{1}{2}$，-2)

2 次の方程式を解きなさい。　各5点×2(10点)

(1) $x^2+3x=5x+24$
$x^2-2x-24=0$
$(x+4)(x-6)=0$
よって，$x=-4$，6
($x=-4$，6)

(2) $(x+3)^2=-8(x+5)$
$x^2+6x+9=-8x-40$
$x^2+14x+49=0$
$(x+7)^2=0$
よって，$x=-7$
($x=-7$)

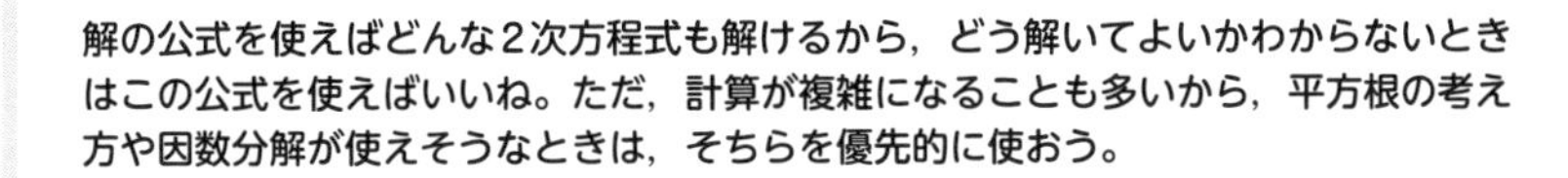

2 (1) ① $x-9$　② $x-9$　③ -5　④ 9　(③と④は逆でもよい。)
(2) ① $x+6$　② $x+6$　③ -6

3 ① 4　② 3　③ 3　④ 12　⑤ 6　⑥ 28　⑦ 7　⑧ $-2\pm\sqrt{7}$

3 ２次方程式 $x^2+ax-12=0$ の解の１つが２であるとき，次の問いに答えなさい。

各５点×２（10点）

(1) a の値を求めなさい。

方程式に $x=2$ を代入すると，
$2^2+a\times2-12=0$　$2a=8$　$a=4$

（ $a=4$ ）

(2) もう１つの解を求めなさい。

方程式は，$x^2+4x-12=0$　$(x-2)(x+6)=0$　よって，$x=2,\ -6$

（ -6 ）

4 次の問いに答えなさい。

各10点×３（30点）

(1) 連続する３つの整数がある。中央の数を５倍すると，残りの２つの数の積より13小さくなる。このとき，中央の数を求めなさい。

中央の数を x とすると，連続する３つの整数は，小さい順に $x-1$，x，$x+1$ と表される。
$5x=(x-1)(x+1)-13$　$5x=x^2-1-13$
整理すると，$x^2-5x-14=0$　$(x+2)(x-7)=0$　$x=-2,\ 7$
$x=-2$ のとき，連続する３つの整数は -3，-2，-1
$x=7$ のとき，連続する３つの整数は6，7，8
どちらの解も問題にあっている。

（ $-2,\ 7$ ）

(2) ある正方形の縦の長さを3cm，横の長さを6cm長くして長方形をつくったところ，面積はもとの正方形の面積の２倍より8cm^{2}大きくなった。もとの正方形の１辺の長さを求めなさい。

もとの正方形の１辺の長さを x cmとすると，
長方形の縦の長さは $(x+3)$cm，横の長さは $(x+6)$cmと表される。
面積の関係に着目すると，$(x+3)(x+6)=2x^2+8$　$x^2+9x+18=2x^2+8$
整理すると，$x^2-9x-10=0$　$(x+1)(x-10)=0$　$x=-1,\ 10$
$x>0$ だから，$x=-1$ は問題にあわない。
$x=10$ は問題にあっている。

（ 10cm ）

(3) 横が縦より6cm長い長方形の紙がある。この紙の４すみから１辺が4cmの正方形を切り取り，ふたのない直方体の容器をつくったところ，容積が52cm^{3}になった。紙の縦の長さを求めなさい。

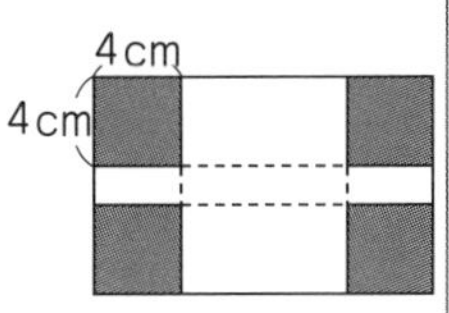

紙の縦の長さを x cmとすると，紙の横の長さは $(x+6)$cmと表される。
また，容器の底面の縦の長さは $x-4\times2=x-8$(cm)，
底面の横の長さは $x+6-4\times2=x-2$(cm)，高さは4cm
容積に着目すると，$4(x-8)(x-2)=52$　$(x-8)(x-2)=13$　整理すると，$x^2-10x+3=0$
解の公式より，$x=\dfrac{-(-10)\pm\sqrt{(-10)^2-4\times1\times3}}{2\times1}=\dfrac{10\pm\sqrt{88}}{2}=\dfrac{10\pm2\sqrt{22}}{2}=5\pm\sqrt{22}$
$x>8$ だから，$x=5-\sqrt{22}$ は問題にあわない。
$x=5+\sqrt{22}$ は問題にあっている。

（ $(5+\sqrt{22})$cm ）

3 (2)もとの２次方程式に，(1)で求めた $a=4$ を代入し，改めて方程式を解く。$x=2$ ではない解が答えとなる。

4 (1)連続する３つの「自然数」ではなく「整数」だから，x は負の値もとることができる。よって，$x=-2$ も問題にあっている。
(2) x は辺の長さだから，正の数でなければならない。よって，$x=-1$ は問題にあわない。方程式を解いたあと，求めた解が問題の条件をみたすか確かめてから答えを書くようにしよう。
(3) $4^2=16$ で，$16<22$ だから，$\sqrt{16}<\sqrt{22}$
よって，$4<\sqrt{22}$
$\sqrt{22}$ が４より大きいから，$5+\sqrt{22}$ は９より大きく，$x=5+\sqrt{22}$ は問題にあっている。

5日目 比例と反比例/1次関数

要点を確認しよう　p.22～23

1 (1) ① -8　② 2　③ -8　④ -4　⑤ $-4x$

(2) ① 9　② 3　③ 27　④ $\dfrac{27}{x}$

問題を解こう　p.24～25

1 (1)$y=ax$（aは比例定数）にx，yの値を代入して，aの値を求める。

または，$a=\dfrac{y}{x}$に代入してもよい。

2 (1)$y=\dfrac{a}{x}$（aは比例定数）にx，yの値を代入して，aの値を求める。

または，$a=xy$に代入してもよい。

3 (1)(2)点Aの座標のx，yの値は，$y=ax$と$y=\dfrac{12}{x}$の両方の式を成り立たせる。

(1)点Aを反比例のグラフ上の点とみて，$y=\dfrac{12}{x}$に$x=6$を代入する。

(2)点Aを比例のグラフ上の点とみて，$y=ax$に$x=6$，$y=2$を代入する。

(3)yが整数になるのは，xが12の約数のとき。12の約数は1，2，3，4，6，12

---

1 yはxに比例し，$x=-3$のとき$y=-18$である。次の問いに答えなさい。　各5点×2（10点）

(1) yをxの式で表しなさい。

$y=ax$で$x=-3$のとき$y=-18$だから，

$-18=a\times(-3)$　$-3a=-18$　$a=6$

（　$y=6x$　）

(2) $x=2$のときのyの値を求めなさい。

$y=6x$に$x=2$を代入すると，

$y=6\times2=12$

（　$y=12$　）

2 yはxに反比例し，$x=-2$のとき$y=10$である。次の問いに答えなさい。　各5点×2（10点）

(1) yをxの式で表しなさい。

$y=\dfrac{a}{x}$で$x=-2$のとき$y=10$だから，

$10=\dfrac{a}{-2}$　$a=10\times(-2)=-20$

（　$y=-\dfrac{20}{x}$　）

(2) $x=-5$のときのyの値を求めなさい。

$y=-\dfrac{20}{x}$に$x=-5$を代入すると，

$y=-\dfrac{20}{-5}=4$

（　$y=4$　）

3 右の図のように，比例$y=ax$のグラフと反比例$y=\dfrac{12}{x}$（$x>0$）のグラフが点Aで交わっている。点Aのx座標が6のとき，次の問いに答えなさい。　各10点×3（30点）

(1) 点Aのy座標を求めなさい。

$y=\dfrac{12}{x}$に$x=6$を代入すると，$y=\dfrac{12}{6}=2$

（　2　）

(2) aの値を求めなさい。

A(6，2)は$y=ax$のグラフ上にあるから，$2=a\times6$　$6a=2$　$a=\dfrac{1}{3}$

（　$a=\dfrac{1}{3}$　）

(3) 反比例$y=\dfrac{12}{x}$（$x>0$）のグラフ上にあり，x座標，y座標がともに整数となる点は何個あるか求めなさい。

式に$x=1$，2，3，…と代入して，yが整数になるものをさがす。

12の約数をもとに考えるとよい。

点(1，12)，(2，6)，(3，4)，(4，3)，(6，2)，(12，1)の6個ある。

（　6個　）

いろいろな関数の式，グラフの形をおさえておこう。比例…$y=ax$，原点を通る直線
反比例…$y=\frac{a}{x}$，双曲線　1次関数…$y=ax+b$，傾きa，切片bの直線

---

2 (1) ① 6　② 2　③ 2　④ 1　⑤ 2　⑥ −3　⑦ $2x-3$
(2) ① $x+4$　② −3　③ −1　④ −1　⑤ −1　⑥ 3　⑦ −1　⑧ 3

---

4 次の問いに答えなさい。　各10点×2（20点）

(1) 1次関数 $y=-\frac{3}{2}x+5$ で，xの増加量が6のときのyの増加量を求めなさい。

1次関数 $y=ax+b$ で，(yの増加量)$=a\times$(xの増加量) だから，$-\frac{3}{2}\times6=-9$

（　−9　）

(2) グラフが直線 $y=4x-1$ に平行で，点(−2，−15)を通る1次関数の式を求めなさい。

平行な直線の傾きは等しいから，式は $y=4x+b$ とおける。点(−2，−15)を通るから，
$-15=4\times(-2)+b$　$b=-7$

（　$y=4x-7$　）

5 右の図の2直線①，②の交点の座標を求めなさい。　（10点）

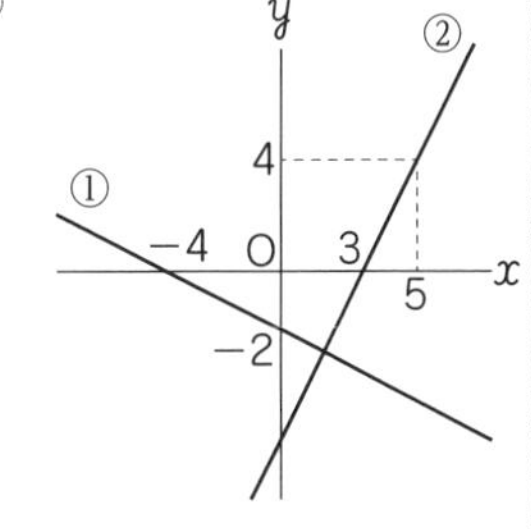

直線①は切片が−2だから，式は $y=ax-2$ とおける。
点(−4，0)を通るから，$0=a\times(-4)-2$　$4a=-2$　$a=-\frac{1}{2}$
また，直線②は点(3，0)，(5，4)を通るから，傾きは $\frac{4-0}{5-3}=2$ で，
式は $y=2x+b$ とおける。
点(3，0)を通るから，$0=2\times3+b$　$b=-6$

$\begin{cases} y=-\frac{1}{2}x-2\cdots① \\ y=2x-6\cdots② \end{cases}$ を解く。

（　$\left(\frac{8}{5},\ -\frac{14}{5}\right)$　）

6 右の図のように，AC=4cm，BC=6cm，∠C=90°の直角三角形ABCがある。点Pは頂点Bを出発し，辺BC，CA上を秒速1cmで頂点Aまで動く。点Pが頂点Bを出発してからx秒後の△ABPの面積を$y$cm²とするとき，次の問いに答えなさい。　各10点×2（20点）

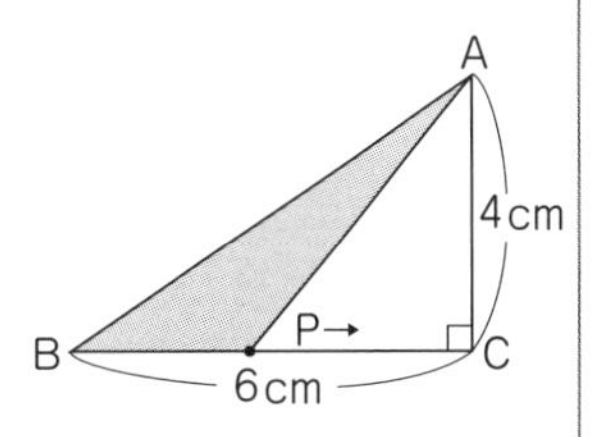

(1) 点Pが頂点Bを出発してから頂点Aに着くまでのxとyの関係を表すグラフを右の図にかきなさい。

点Pが辺BC上にあるのは $0\leqq x\leqq6$ のとき。底辺をBP，
高さをACとみて，$y=\frac{1}{2}\times x\times4=2x$
点Pが辺CA上にあるのは $6\leqq x\leqq10$ のとき。底辺をAP，
高さをBCとみて，$x+\mathrm{AP}=\mathrm{BC}+\mathrm{CA}$ より，$\mathrm{AP}=(6+4-x)$cm
よって，$y=\frac{1}{2}\times(6+4-x)\times6=30-3x$

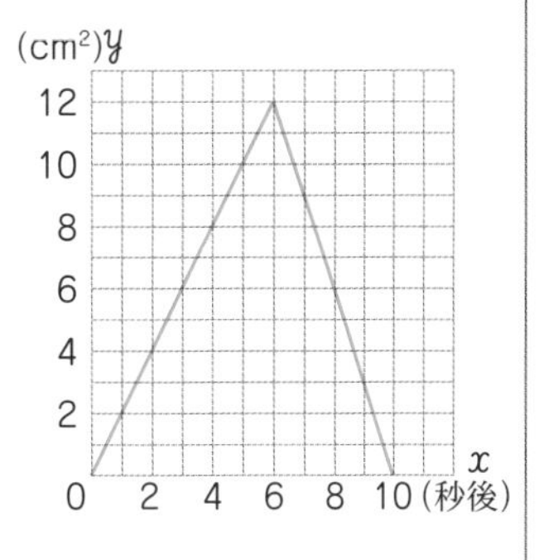

(2) △ABPの面積が7cm²になるのは，点Pが頂点Bを出発してから何秒後か，すべて求めなさい。

$0\leqq x\leqq6$ のとき，$7=2x$　$x=\frac{7}{2}$
$6\leqq x\leqq10$ のとき，$7=30-3x$　$3x=23$　$x=\frac{23}{3}$

（　$\frac{7}{2}$秒後，$\frac{23}{3}$秒後　）

4 (1)$y=ax+b$で，aは変化の割合だから，
$a=\frac{(y\text{の増加量})}{(x\text{の増加量})}$

5 グラフから2直線の式を求め，それを連立方程式として解く。②は2点(3，0)，(5，4)を通るから，②の式を$y=ax+b$として，連立方程式
$\begin{cases} 0=3a+b \\ 4=5a+b \end{cases}$
を解いてもよい。

6 (1)△ABPは次のようになる。
・$0\leqq x\leqq6$ のとき

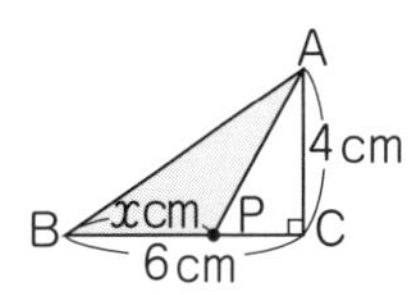

・$6\leqq x\leqq10$ のとき

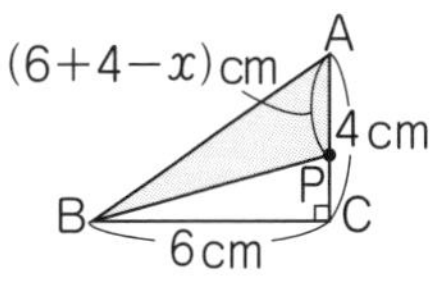

(2)$0\leqq x\leqq6$ のときと$6\leqq x\leqq10$ のときのそれぞれの式に，$y=7$を代入して，xの値を求める。

6日目 関数 $y=ax^2$

要点を確認しよう p.26〜27

1 (1) ① -12　② 2　③ -12　④ -3　⑤ $-3x^2$

(2) ① 小さい　② 1　③ 4　④ ア

問題を解こう p.28〜29

1 (1) $y=ax^2$ に x, y の値を代入して，a の値を求める。

(2) (1)と同様に式を求めてから，$x=6$ を代入する。

2 $y=ax^2$ のグラフの特徴

- 原点を通り，y 軸について対称。
- $a>0$ のとき上に開いた形，$a<0$ のとき下に開いた形になる。
- a の絶対値が大きいほど，グラフの開き方は小さくなる。

(1) $y=ax^2$ のグラフと x 軸について対称となるのは，$y=-ax^2$ のグラフ。

3 (1) ⚠注意 $x=2$ のときの y の値 -8 を y の最大値として，$-18 \leqq y \leqq -8$ とするミスが多い。変域の問題は，グラフをかいて考えるようにしよう。

(2) まず，y の値が最大となるときの x の値を考える。

---

1 次の問いに答えなさい。　各10点×2（20点）

(1) y は x の2乗に比例し，$x=5$ のとき $y=100$ である。y を x の式で表しなさい。

$y=ax^2$ で $x=5$ のとき $y=100$ だから，$100=a\times5^2$　$25a=100$　$a=4$

（ $y=4x^2$ ）

(2) y は x の2乗に比例し，$x=-4$ のとき $y=-12$ である。$x=6$ のときの y の値を求めなさい。

$y=ax^2$ で $x=-4$ のとき $y=-12$ だから，$-12=a\times(-4)^2$　$16a=-12$　$a=-\frac{3}{4}$

$y=-\frac{3}{4}x^2$ に $x=6$ を代入すると，$y=-\frac{3}{4}\times6^2=-27$

（ $y=-27$ ）

2 次の問いに答えなさい。　各5点×2（10点）

(1) 関数 $y=ax^2$ のグラフが，関数 $y=6x^2$ のグラフと x 軸について対称であるとき，a の値を求めなさい。

比例定数の絶対値が等しく，符号が反対になる。

（ $a=-6$ ）

(2) 右の図で，①は関数 $y=ax^2$，②は関数 $y=bx^2$，③は関数 $y=cx^2$ のグラフである。比例定数 a，b，c を，値の小さい順に左から並べて書きなさい。

①，②は上に開き，③は下に開いているから $a>0$，$b>0$，$c<0$
また，比例定数の絶対値が大きいほどグラフの開き方が小さくなり，
①より②のほうが開き方が小さいから，$a<b$
よって，$c<a<b$

（ c，a，b ）

3 次の問いに答えなさい。　各10点×2（20点）

(1) 関数 $y=-2x^2$ で，x の変域が $-3 \leqq x \leqq 2$ のときの y の変域を求めなさい。

最小値は $x=-3$ のときで，$y=-2\times(-3)^2=-18$
最大値は $x=0$ のときで，$y=0$

（ $-18 \leqq y \leqq 0$ ）

(2) 関数 $y=ax^2$ で，x の変域が $-2 \leqq x \leqq 1$ のとき，y の変域が $0 \leqq y \leqq 6$ となる。a の値を求めなさい。

y の変域が0以上の値をとるから $a>0$ で，
y の値は $x=0$ のとき最小値0，
$x=-2$ のとき最大値6となる。

$6=a\times(-2)^2$　$4a=6$　$a=\frac{3}{2}$

（ $a=\frac{3}{2}$ ）

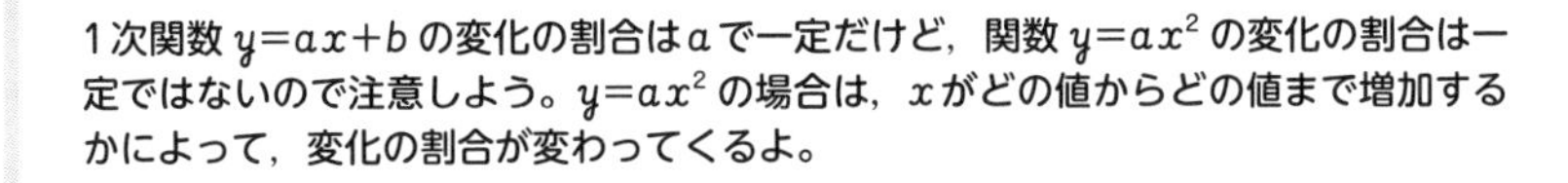

2 (1) ① 0　② 0　③ 4　④ 4　⑤ 8　⑥ 0　⑦ 8
(2) ① 3　② 3　③ 6　④ 12　⑤ 12　⑥ 6　⑦ 9　⑧ 3

4 次の問いに答えなさい。　各10点×3（30点）

(1) 関数 $y=2x^2$ で，x の値が -7 から -1 まで増加するときの変化の割合を求めなさい。

$x=-7$ のとき，$y=2\times(-7)^2=98$　$x=-1$ のとき，$y=2\times(-1)^2=2$

よって，変化の割合は，$\dfrac{2-98}{(-1)-(-7)}=\dfrac{-96}{6}=-16$

（ -16 ）

(2) 関数 $y=ax^2$ で，x の値が -6 から -4 まで増加するときの変化の割合が5だった。a の値を求めなさい。

$x=-6$ のとき，$y=a\times(-6)^2=36a$　$x=-4$ のとき，$y=a\times(-4)^2=16a$

よって，変化の割合は，$\dfrac{16a-36a}{(-4)-(-6)}=\dfrac{-20a}{2}=-10a$　これが5だから，$-10a=5$　$a=-\dfrac{1}{2}$

（ $a=-\dfrac{1}{2}$ ）

(3) ある斜面でボールをころがすとき，ボールがころがりはじめてから x 秒後までにころがる距離を y m とすると，x と y の間に $y=2x^2$ という関係があった。ボールがころがりはじめてから2秒後から5秒後までの平均の速さは秒速何mか求めなさい。

x の値が2から5まで増加するときの変化の割合に等しい。
$x=2$ のとき，$y=2\times2^2=8$　$x=5$ のとき，$y=2\times5^2=50$
平均の速さは，$\dfrac{50-8}{5-2}=\dfrac{42}{3}=14$（m/秒）

（ 秒速14m ）

5 右の図のように，関数 $y=\dfrac{1}{4}x^2$ のグラフ上に3点A，B，Cがあり，点Oは原点である。点Aの x 座標は -6，点Bの x 座標は -2 で，線分ACは x 軸に平行である。次の問いに答えなさい。

各10点×2（20点）

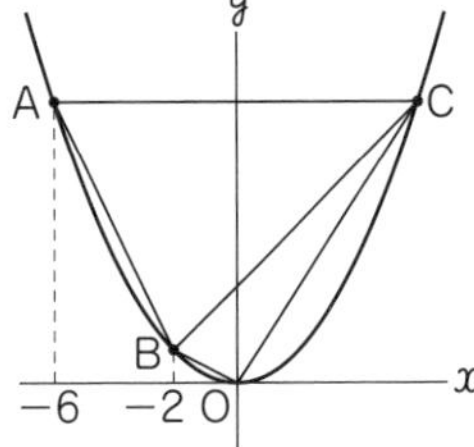

(1) △ABCの面積を求めなさい。

点Aの y 座標は，$y=\dfrac{1}{4}\times(-6)^2=9$　点Bの y 座標は，$y=\dfrac{1}{4}\times(-2)^2=1$

したがって，A$(-6,\ 9)$，B$(-2,\ 1)$　また，点Cは y 軸について点Aと対称だから，C$(6,\ 9)$

△ABCで，AC$=6-(-6)=12$ を底辺とみると，高さは2点A，Bの y 座標の差で，$9-1=8$

よって，△ABCの面積は，$\dfrac{1}{2}\times12\times8=48$

（ 48 ）

(2) △OBCの面積を求めなさい。

2点B，Cを通る直線の式を求めると，$y=x+3$　したがって，線分BCと y 軸の交点をDとすると，D$(0,\ 3)$　△OBC＝△OBD＋△OCD　△OBD，△OCDで，底辺をOD＝3とみると，それぞれの高さは2点B，Cの x 座標の絶対値になるから，△OBD$=\dfrac{1}{2}\times3\times2=3$，△OCD$=\dfrac{1}{2}\times3\times6=9$

よって，△OBC＝3＋9＝12

（ 12 ）

4 変化の割合についての問題(平均の速さもふくむ)は，

(変化の割合)$=\dfrac{(y\text{の増加量})}{(x\text{の増加量})}$

の式を使って考えること。

5 放物線と直線の交点でつくられる三角形の問題は，教科書での扱いは大きくないが，入試ではよく出題される。なお，座標の目もりの単位の指定がないときは，面積に cm^2 などの単位はつけない。

(1)座標軸に平行な辺があるときは，それを底辺として考えるとよい。
また，$y=ax^2$ のグラフは y 軸について対称だから，線分ACが x 軸に平行のとき，2点A，Cは x 座標の符号が逆で，y 座標が等しくなる。

(2)△OBCを，y 軸で2つの三角形に分けて考える。

7 日目 図形

要点 を確認しよう p.30～31

1 (1) ① 垂直二等分線　② C　③ BC
(2) ① 6　② 60　③ 6π

問題 を解こう p.32～33

1 基本の移動には，ほかに平行移動や回転移動がある。

平行移動

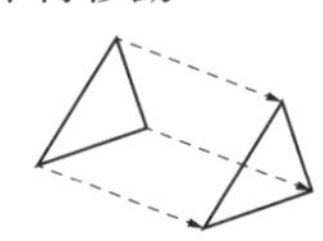

回転移動

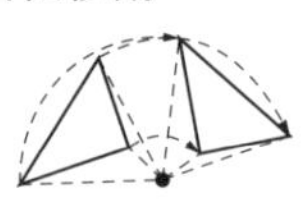

対称移動

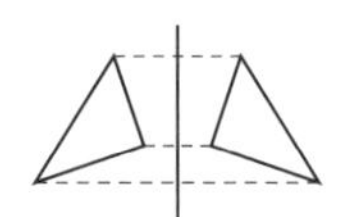

2 (1)重なる2辺BA，BCが，それぞれ折り目の線とつくる2つの角の大きさは等しい。
(2)円の接線と半径の関係は覚えておくこと。

3 半径r，中心角$a°$のおうぎ形の弧の長さは，

$$2\pi r\times\frac{a}{360}$$

4 2直線の位置関係は，次の3つ。
・交わる
・平行
・ねじれの位置

5 半径rの球の体積は，$\frac{4}{3}\pi r^3$

1 下の図で，△ABCを，直線ℓを対称の軸として対称移動させた図形をかきなさい。（10点）

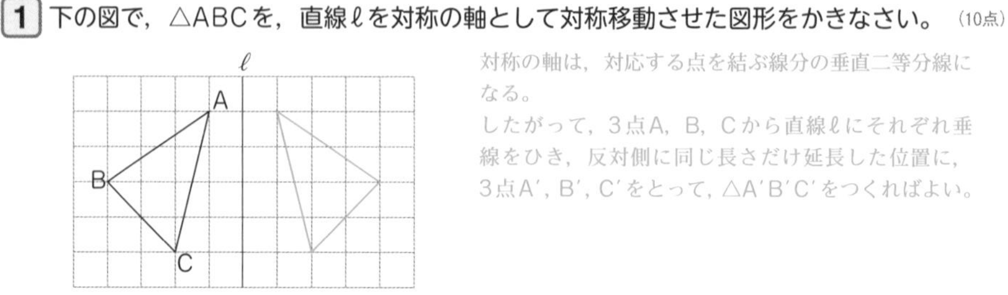

対称の軸は，対応する点を結ぶ線分の垂直二等分線になる。
したがって，3点A，B，Cから直線ℓにそれぞれ垂線をひき，反対側に同じ長さだけ延長した位置に，3点A′，B′，C′をとって，△A′B′C′をつくればよい。

2 次の作図をしなさい。　各10点×2（20点）

(1) △ABCで，辺BAが辺BCと重なるように折り返すときの折り目の線

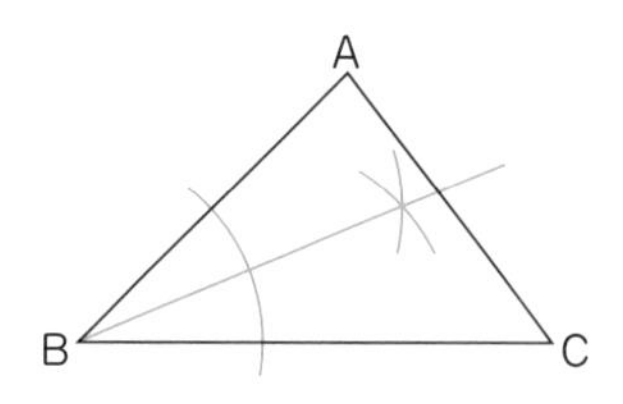

∠ABCの二等分線を作図する。

(2) 円Oで，周上の点Pを接点とする接線

円の接線は，接点を通る半径に垂直になる。
点Pを通り半直線OPに垂直な直線を作図する。

3 半径が5cm，中心角が72°のおうぎ形の弧の長さを求めなさい。（10点）

おうぎ形の弧の長さは，中心角に比例する。

$2\pi\times5\times\frac{72}{360}=2\pi$(cm)

（ 2πcm ）

4 右の図の三角柱ABC-DEFで，辺ABとねじれの位置にある辺を，すべていいなさい。（10点）

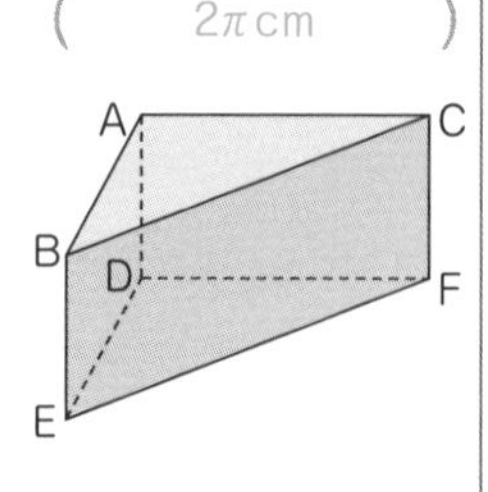

辺ABと平行でなく，交わらない辺をさがす。
ABと平行な辺は，DE　ABと交わる辺は，AC，AD，BC，BE
よって，ABとねじれの位置にあるのは，CF，DF，EFの3本。

（ 辺CF，DF，EF ）

5 右の図のような半径3cmの半円がある。この半円を，直径ABを軸として1回転させてできる立体の体積を求めなさい。（10点）

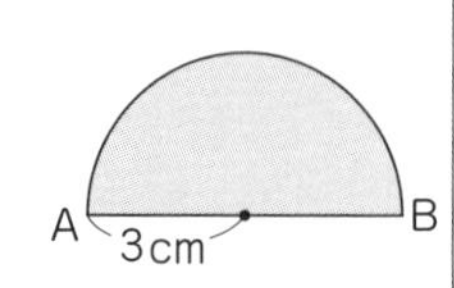

1回転させてできる立体は半径3cmの球だから，
体積は，$\frac{4}{3}\pi\times3^3=36\pi$(cm^3)

（ 36πcm^3 ）

基本の作図は，いろいろな場面で使われるよ。
・垂直二等分線…線分の中点，２点から等しい距離にある点
・角の二等分線…角の２辺から等しい距離にある点　・垂線…三角形の高さ　など

2 ① 5　② 5　③ 25π　④ 25π　⑤ 250π
⑥ 5　⑦ 10π　⑧ 10π　⑨ 100π　⑩ 100π　⑪ 25π　⑫ 150π

3 ① 360　② 360　③ 100　④ 70

6 右の図の円錐について，次の問いに答えなさい。　各10点×２（20点）

4cm　5cm　3cm

(1) 体積を求めなさい。

底面の半径が3cmだから，底面積は，$\pi\times3^2=9\pi$(cm²)
また，高さは4cm
したがって，体積は，$\frac{1}{3}\times9\pi\times4=12\pi$(cm³)

（　12π cm³　）

(2) この円錐の展開図は右の図のようになる。これを参考にして，この円錐の表面積を求めなさい。

5cm　3cm

側面のおうぎ形の弧の長さは，底面の円周に等しいから，$2\pi\times3$(cm)
いっぽう，半径5cmの円周を考えると，その長さは，$2\pi\times5$(cm)
したがって，円錐の側面積は，半径5cmの円の面積の $\frac{2\pi\times3}{2\pi\times5}=\frac{3}{5}$(倍)
になるから，$\pi\times5^2\times\frac{3}{5}=15\pi$(cm²)
表面積は，$\underset{側面積}{15\pi}+\underset{底面積}{9\pi}=24\pi$(cm²)

（　24π cm²　）

7 次の問いに答えなさい。　各５点×２（10点）

(1) 七角形の内角の和を求めなさい。

180°×(7−2)＝900°

（　900°　）

(2) １つの内角の大きさが160°である正多角形は，正何角形か求めなさい。

１つの外角の大きさは，180°−160°＝20°
多角形の外角の和は360°だから，正n角形の１つの外角が20°のとき，
20°×n＝360°　n＝18

（　正十八角形　）

8 次の図で，∠xの大きさを求めなさい。　各５点×２（10点）

(1)

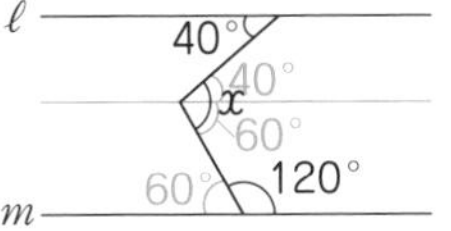

（ℓ//m）

平行線の錯角は等しいから，
∠x＝40°＋(180°−120°)
＝40°＋60°
＝100°

（　100°　）

(2)

x　130°　a　45°　50°

三角形の内角と外角の性質から，
∠x＋45°＝∠a　∠a＋50°＝130°
よって，∠x＋45°＋50°＝130°　∠x＝35°

（　35°　）

6 (1)底面の半径r，高さhの円錐の体積は，$\frac{1}{3}\pi r^2h$

7 (1)n角形の内角の和は，
180°×(n−2)
(2)多角形の外角の和は，何角形でも360°

8 補助線のひき方は，ほかにもいろいろ考えられる。
(1)の例

ℓ　40°　40°　x　60°　120°　m

∠x＝40°＋60°
(2)の例

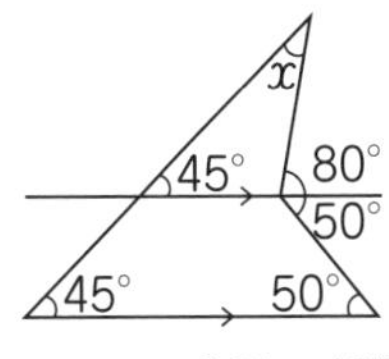

∠x＝80°−45°
(2)三角形の内角と外角の性質…三角形の外角は，それととなり合わない２つの内角の和に等しい。

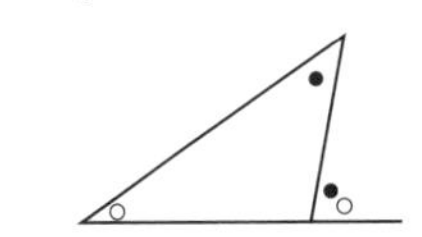

8日目 合同/相似

要点 を確認しよう　p.34～35

1　① CE　② ECB　③ 2組の辺とその間の角　④ ≡

問題 を解こう　p.36～37

1 三角形の合同条件

①3組の辺がそれぞれ等しい。

②2組の辺とその間の角がそれぞれ等しい。

③1組の辺とその両端の角がそれぞれ等しい。

2 直角三角形の合同条件

①斜辺と1つの鋭角がそれぞれ等しい。

②斜辺と他の1辺がそれぞれ等しい。

平行四辺形の性質

①2組の対辺はそれぞれ等しい。

②2組の対角はそれぞれ等しい。

③対角線はそれぞれの中点で交わる。

3 (1)三角形の相似条件

①3組の辺の比がすべて等しい。

②2組の辺の比とその間の角がそれぞれ等しい。

③2組の角がそれぞれ等しい。

---

1 △ABCと△DEFにおいて，AB=DE，AC=DFであるとき，あと1つどのような条件をつけ加えると，△ABC≡△DEFになるか，次のア～エから適切なものを2つ選び，記号で答えなさい。また，それぞれの場合の合同条件を書きなさい。　各5点×2（10点）

ア　BC=EF　イ　∠A=∠D　ウ　∠B=∠E　エ　∠C=∠F

ウ，エは，等しい2組の辺の間の角ではないので，合同条件にあてはまらない。

（記号：ア　合同条件：3組の辺がそれぞれ等しい。）

（記号：イ　合同条件：2組の辺とその間の角がそれぞれ等しい。）

2 右の図のような平行四辺形ABCDがある。2点B，Dから対角線ACに垂線をひき，ACとの交点をそれぞれE，Fとする。このとき，△ABE≡△CDFであることを証明しなさい。（10点）

（証明）△ABEと△CDFにおいて，
仮定から，∠BEA=∠DFC=90°…①
平行四辺形の対辺は等しいから，
AB=CD…②
平行四辺形の対辺は平行だからAB∥DCで，
錯角が等しいから，
∠BAE=∠DCF…③
①，②，③より，直角三角形の斜辺と1つの鋭角がそれぞれ等しいから，
△ABE≡△CDF

証明
…すでに正しいとわかっていることがらを根拠にして，仮定から結論を導くこと。
仮定と結論
…「○○ならば□□である」という文で，○○を仮定，□□を結論という。

3 右の図の△ABCで，辺AB上に点Dを∠ABC=∠ACDとなるようにとる。次の問いに答えなさい。　各10点×2（20点）

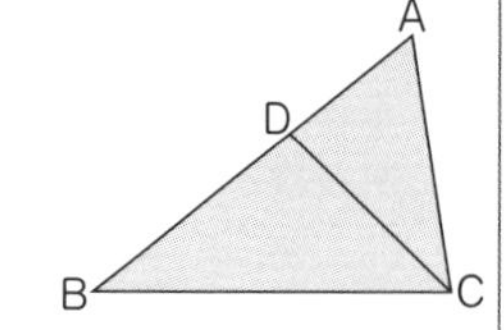

(1) △ABC∽△ACDであることを証明しなさい。

（証明）△ABCと△ACDにおいて，
仮定から，∠ABC=∠ACD…①
共通だから，∠BAC=∠CAD…②
①，②より，2組の角がそれぞれ等しいから，
△ABC∽△ACD

(2) AB=8cm，AC=5cmのとき，ADの長さを求めなさい。

AD=$x$cmとする。△ABC∽△ACDより，
AB：AC=AC：AD　8：5=5：x　$8x=25$　$x=\frac{25}{8}$

（$\frac{25}{8}$cm）

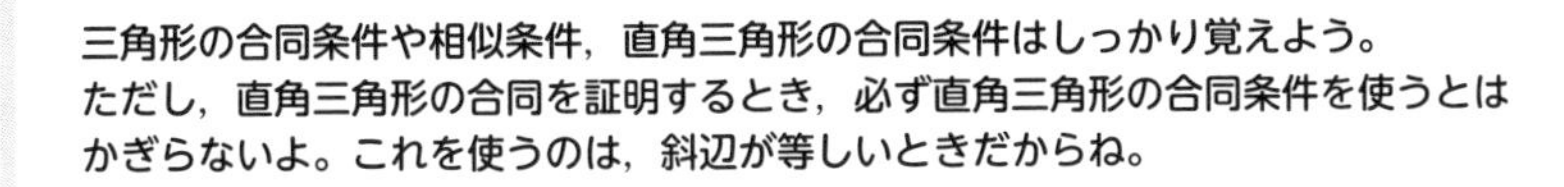

2 (1) ① DE　② 4　③ 60　④ 15

(2) ① 8　② 24　③ 4　④ 9　⑤ 45　⑥ $\frac{15}{2}$ (7.5)

(3) ① 5　② 25　③ 25　④ 75　⑤ 75

---

4 次の図で，xの値を求めなさい。　各10点×2（20点）

(1) DE∥BC

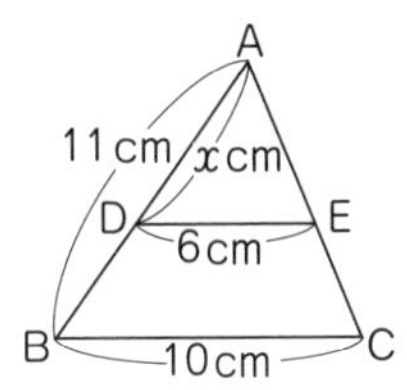

$x:11=6:10$　$10x=66$　$x=\frac{33}{5}$

（ $x=\frac{33}{5}$ ）

(2) ℓ，m，nは平行

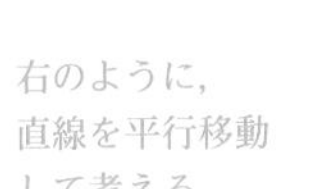

ℓ　8cm　8cm　10cm　m　12cm　xcm　n　12cm

$8:(8+12)=10:x$　$8x=200$　$x=25$

（ $x=25$ ）

5 右の図のように，辺BCが共通な△ABCと△DBCがあり，AB∥DCである。辺ACと辺DBの交点をEとし，Eを通りDCに平行な直線と辺BCとの交点をFとする。
次の問いに答えなさい。　各10点×2（20点）

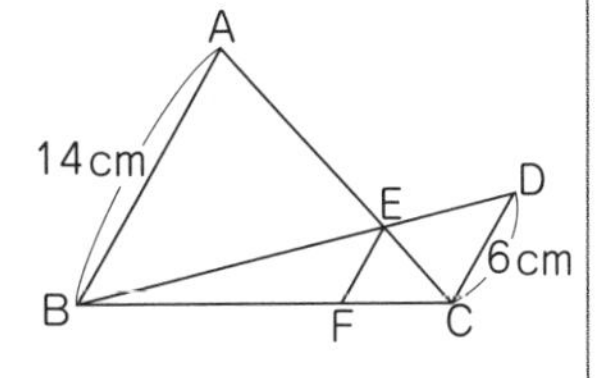

(1) 線分BEと線分DEの長さの比を求めなさい。

AB∥DCだから，△ABEと△CDEに着目して，三角形と比の定理を使う。
BE：DE＝AB：CD＝14：6＝7：3

（ 7：3 ）

(2) 線分EFの長さを求めなさい。

EF∥DCだから，△BCDに着目して，三角形と比の定理を使う。
EF＝$x$cmとすると，EF：DC＝BE：BDより，
$x:6=7:(7+3)$　$10x=42$　$x=\frac{21}{5}$

（ $\frac{21}{5}$cm ）

6 右の図のように，正三角形ABCを底面とする正三角錐O-ABCがある。辺OA，辺OB，辺OCの中点をそれぞれD，E，Fとするとき，次の問いに答えなさい。　各10点×2（20点）

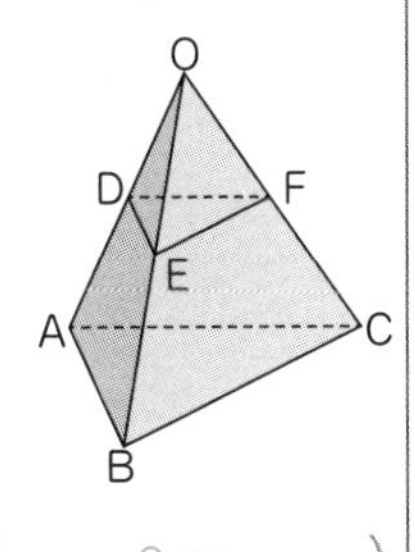

(1) AB＝6cmのとき，△DEFの周の長さを求めなさい。

△OABで，中点連結定理より，DE＝$\frac{1}{2}$AB＝$\frac{1}{2}$×6＝3(cm)
△OBC，△OCAでも同様だから，EF＝FD＝3(cm)
したがって，周の長さは3×3＝9(cm)

（ 9cm ）

(2) 三角錐O-ABCを3点D，E，Fを通る平面で切って，三角錐O-DEFと立体DEF-ABCに分ける。三角錐O-DEFと立体DEF-ABCの体積の比を求めなさい。

三角錐O-DEFと三角錐O-ABCは相似で，相似比は1：2だから，体積の比は，$1^3:2^3=1:8$
したがって，三角錐O-DEFと立体DEF-ABCの体積の比は，1：(8−1)＝1：7

（ 1：7 ）

4 (1)DE∥BC だから，
AD：AB＝DE：BC

5 着目する三角形を，もとの図からぬき出すと次のようになる。

(1)

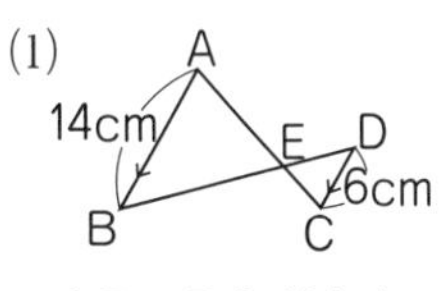

AB∥DC だから，
BE：DE＝AB：CD

(2)

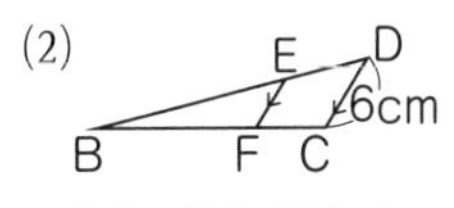

EF∥DC だから，
EF：DC＝BE：BD

6 (1)中点連結定理
…△ABCで，2辺AB，ACの中点をそれぞれM，Nとすると，
MN∥BC
MN＝$\frac{1}{2}$BC
が成り立つ。

(2)相似な立体では，体積の比は相似比の3乗に等しいことを用いる。

9日目 円/三平方の定理

要点を確認しよう p.38～39

1 (1) ① AOB　② 80　③ 40
(2) ① 90　② ADC　③ 55　④ 90　⑤ 35

問題を解こう p.40～41

1 (1)中心角は円周角の2倍になる。
(2)点BとEを結ぶと，∠BEDは$\overset{\frown}{BD}$に対する円周角だから，
∠BED
$=\frac{1}{2}$∠BOD
(3)点AとDを結ぶと，∠ADBは半円の弧に対する円周角だから，90°
(4)まず点OとC，点OとEを結んで，$\overset{\frown}{CE}$に対する中心角を求める。

2 アドバイス 辺の長さについて何も書かれていないので，相似条件は「2組の角がそれぞれ等しい」を使うと予想できる。それぞれの三角形の角の大きさに注目しよう。

3 三平方の定理を利用するときは，どの辺が斜辺になるか注意すること。
(1)斜辺は$x$cmの辺である。
(2)斜辺は9cmの辺である。

---

1 次の図で，∠xの大きさを求めなさい。　各8点×4（32点）

(1)
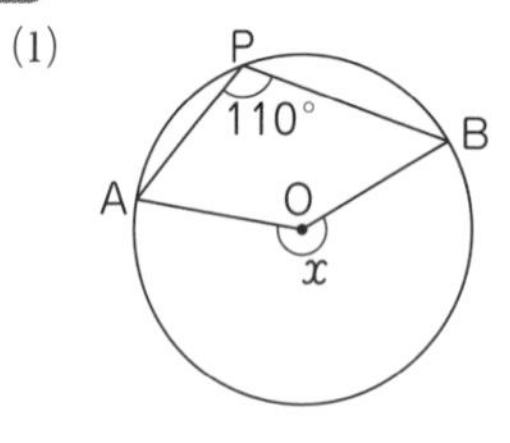

∠x=110°×2=220°

（　220°　）

(2)
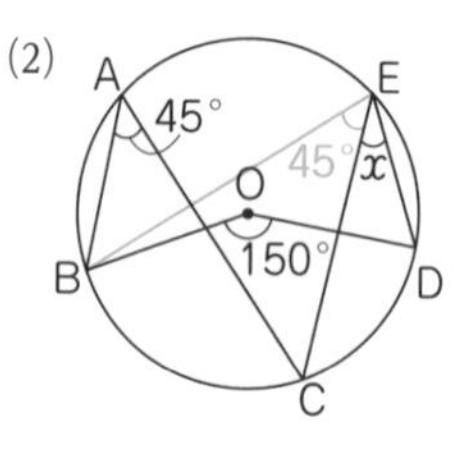

∠BED=$\frac{1}{2}$×150°
=75°
∠BEC=∠BAC=45°
∠x=∠BED−∠BEC
=75°−45°
=30°

（　30°　）

(3)
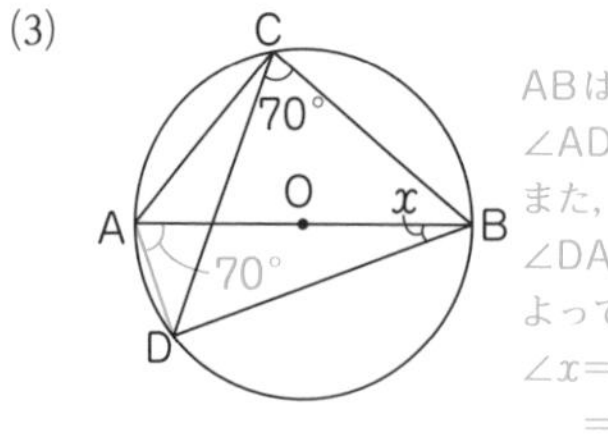

ABは直径だから，
∠ADB=90°
また，
∠DAB=∠DCB=70°
よって，
∠x=180°−(90°+70°)
=20°

（　20°　）

(4) $\overset{\frown}{AB}=\overset{\frown}{BC}=\overset{\frown}{CD}=\overset{\frown}{DE}=\overset{\frown}{EA}$
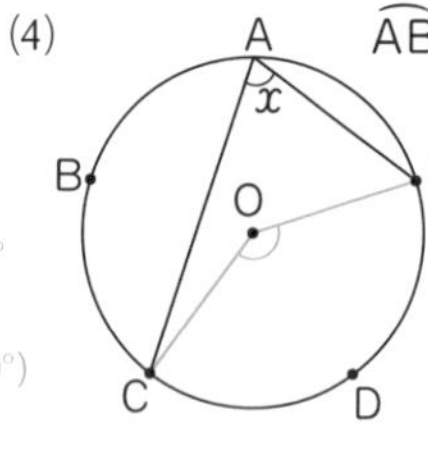

弧の長さは中心角に比例するから，
∠COE=360°×$\frac{2}{5}$
=144°
よって，
∠x=$\frac{1}{2}$×144°=72°

（　72°　）

2 右の図のように，3点A，B，Cを通る円Oと△ABCがある。∠Aの二等分線と辺BC，円Oとの交点をそれぞれD，Eとする。このとき，△ABD∽△AECであることを証明しなさい。　（8点）

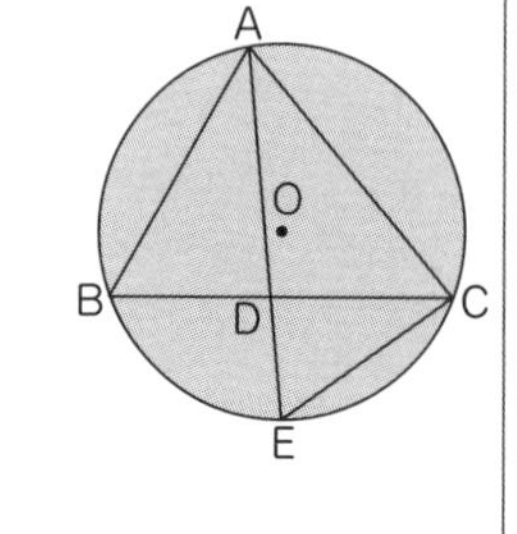

（証明）△ABDと△AECにおいて，
仮定から，
∠BAD=∠EAC…①
$\overset{\frown}{AC}$に対する円周角だから，
∠ABD=∠AEC…②
①，②より，2組の角がそれぞれ等しいから，
△ABD∽△AEC

3 次の図で，xの値を求めなさい。　各8点×2（16点）

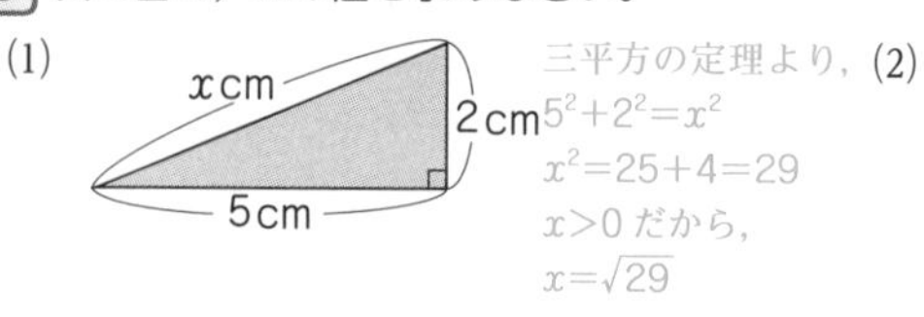

(1) 三平方の定理より，
$5^2+2^2=x^2$
$x^2=25+4=29$
$x>0$だから，
$x=\sqrt{29}$

（　$x=\sqrt{29}$　）

(2) $x^2+7^2=9^2$
$x^2=81-49=32$
$x>0$だから，
$x=\sqrt{32}=4\sqrt{2}$

（　$x=4\sqrt{2}$　）

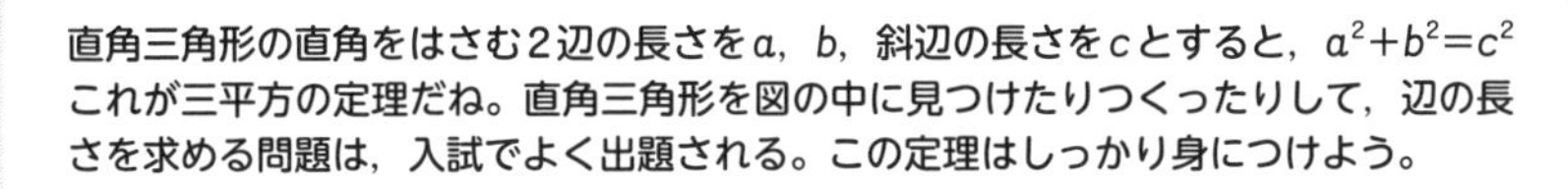

2 (1) ① 4　② 6　③ 16　④ $2\sqrt{5}$
(2) ① $\sqrt{3}$　② $5\sqrt{3}$　③ $5\sqrt{3}$　④ $25\sqrt{3}$
(3) ① 5　② 3　③ 50　④ 50　⑤ $5\sqrt{2}$　⑥ $5\sqrt{2}$

4 右の図は，2つの直角三角形を組み合わせたものである。AB=2cmのとき，次の線分の長さを求めなさい。 各8点×2（16点）

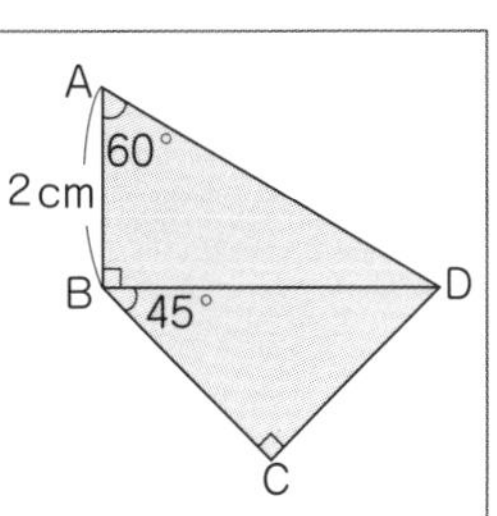

(1) 線分AD

AB：AD=1：2より，2：AD=1：2　AD=4

（ 4cm ）

(2) 線分CD

AB：BD=1：$\sqrt{3}$より，2：BD=1：$\sqrt{3}$　BD=$2\sqrt{3}$

BD：CD=$\sqrt{2}$：1より，$2\sqrt{3}$：CD=$\sqrt{2}$：1　$\sqrt{2}$CD=$2\sqrt{3}$　CD=$\frac{2\sqrt{3}}{\sqrt{2}}=\sqrt{6}$

（ $\sqrt{6}$cm ）

5 右の図で，2点A(−3, 7)とB(5, 1)の間の距離を求めなさい。 （8点）

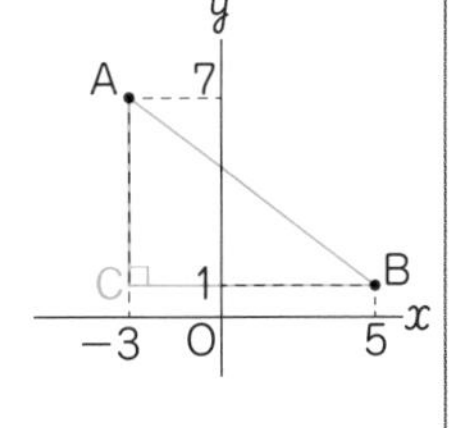

点Aを通りy軸に平行な直線と，点Bを通りx軸に平行な直線との交点をCとして，∠C=90°の直角三角形ACBをつくる。
AC=7−1=6，CB=5−(−3)=8より，
$AB^2=AC^2+CB^2=6^2+8^2=36+64=100$
AB>0だから，AB=$\sqrt{100}$=10

（ 10 ）

6 右の図のように，底面が1辺6cmの正方形で，他の辺が9cmの正四角錐O-ABCDがある。底面の正方形の対角線の交点をHとすると，OHがこの正四角錐の高さになる。次の問いに答えなさい。 各10点×2（20点）

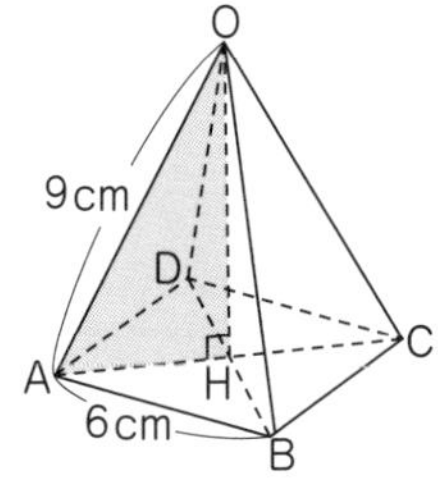

(1) 線分AHの長さを求めなさい。

△ABCは直角二等辺三角形だから，
AB：AC=1：$\sqrt{2}$　6：AC=1：$\sqrt{2}$　AC=$6\sqrt{2}$
また，Hは正方形の対角線の交点だから，それぞれの対角線の中点になる。
よって，AH=$\frac{1}{2}$AC=$\frac{1}{2}\times6\sqrt{2}=3\sqrt{2}$

（ $3\sqrt{2}$cm ）

(2) 正四角錐O-ABCDの体積を求めなさい。

△OAHに着目する。∠OHA=90°だから，$OH^2+AH^2=OA^2$
よって，$OH^2=OA^2-AH^2=9^2-(3\sqrt{2})^2=81-18=63$
OH>0だから，OH=$\sqrt{63}=3\sqrt{7}$
したがって，正四角錐O-ABCDの体積は，$\frac{1}{3}\times(6\times6)\times3\sqrt{7}=36\sqrt{7}$ (cm³)

（ $36\sqrt{7}$cm³ ）

4 特別な直角三角形の3辺の長さの比は覚えておこう。△ABDは30°, 60°の角をもつ直角三角形だから，
AB：AD：BD
=1：2：$\sqrt{3}$
△BCDは直角二等辺三角形だから，
BC：CD：BD
=1：1：$\sqrt{2}$

5 2点の座標から，2点間の距離を求める問題である。直角三角形をつくって，三平方の定理を利用する。なお，答えにcmの単位は不要である。

6 (1)正方形の対角線は，それぞれの中点で交わるから，
AH=$\frac{1}{2}$AC
(2)正四角錐だから，体積は，
$\frac{1}{3}$×(底面積)×(高さ)
高さOHは，△OAHで三平方の定理を使って求める。

10日目 確率/統計

要点を確認しよう
p.42～43

1 (1) ① 7　② 8　③ 14　④ 14　⑤ 40　⑥ 0.35
(2) ① 19　② 24　③ 28　④ 28　⑤ 19　⑥ 9

問題を解こう
p.44～45

1 (1)アには，4～8冊の階級の度数を全体の度数でわった値が入る。
イには，最初の階級から8～12冊の階級までの相対度数の合計が入る。
(3)比べるのは人数ではなく割合だから，度数ではなく相対度数を用いる。

2 A組は，
最小値2点
第1四分位数5点
第2四分位数9点
第3四分位数12点
最大値16点
B組は，
最小値4点
第1四分位数8点
第2四分位数10点
第3四分位数14点
最大値19点
(1)(四分位範囲)
＝(第3四分位数)
－(第1四分位数)
(3)第2四分位数は中央値だから，この値以上の得点の人が，少なくとも半数はいることになる。

1 下の表は，1年生40人と3年生30人が2学期に図書室で借りた本の冊数についてまとめたものである。あとの問いに答えなさい。　各5点×4（20点）

冊数(冊)	1年生			3年生		
	度数(人)	相対度数	累積相対度数	度数(人)	相対度数	累積相対度数
以上 未満 0 ～ 4	16	0.40	0.40	5	0.17	0.17
4 ～ 8	10	ア	0.65	13	0.43	0.60
8 ～ 12	8	0.20	0.85	7	0.23	イ
12 ～ 16	6	0.15	1.00	5	0.17	1.00
合計	40	1.00		30	1.00	

(1) 表のア，イにあてはまる数を求めなさい。
ア $\frac{10}{40}=0.25$　イ 0.17+0.43+0.23=0.83
ア（ 0.25 ）イ（ 0.83 ）

(2) 1年生で，借りた冊数が12冊未満の生徒の割合は何%か。
8～12冊の累積相対度数を見ればよい。
（ 85% ）

(3) 8冊以上借りた生徒の割合が多いのは，1年生と3年生のどちらか。
8～12冊と12～16冊の相対度数の和で比べる。
1年生は，0.20+0.15=0.35　3年生は，0.23+0.17=0.40
（ 3年生 ）

2 下の箱ひげ図は，A組とB組であるゲームを行ったときの得点を表したものである。この箱ひげ図から読みとれることとして，次の(1)～(3)が正しいときは○，正しくないときは×，このデータからはわからないときは△を書きなさい。　各10点×3（30点）

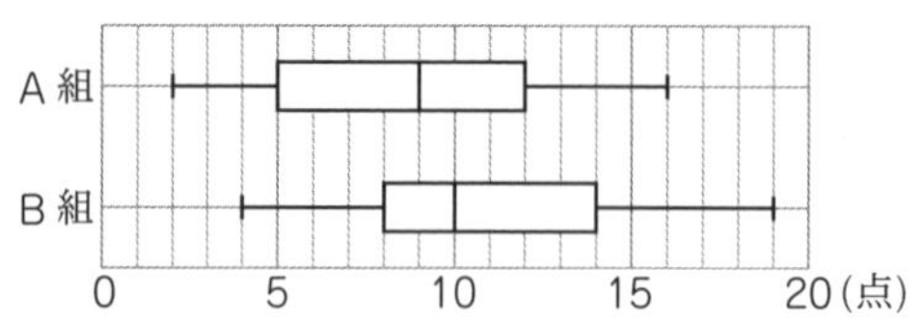

(1) 四分位範囲はB組のほうが大きい。
A組は，12−5=7(点)　B組は，14−8=6(点)
したがって，A組のほうが大きい。
（ × ）

(2) 得点の平均値はB組のほうが大きい。
平均値はこのデータからはわからない。
（ △ ）

(3) A組，B組とも，得点が9点以上の人が全体の半数以上いる。
第2四分位数は，A組が9点，B組が10点で，どちらも9点以上だから，正しい。
（ ○ ）

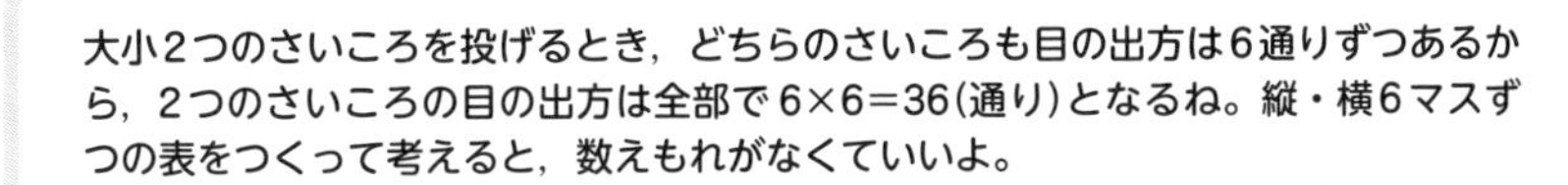

2 (1) ① 6　② 36　③ 6　④ 6　⑤ $\frac{1}{6}$　(2) ① 6　② 5　③ $\frac{5}{6}$

3 ① 400　② 45　③ 45

---

3 次の問いに答えなさい。　各10点×3（30点）

(1) 大小2つのさいころを同時に投げるとき，出た目の数の積が6になる確率を求めなさい。

2つのさいころの目の出方は，6×6＝36(通り)
出た目の数の積が6になるのは，
〔大，小〕＝〔1，6〕，〔2，3〕，〔3，2〕，〔6，1〕の4通り。$\frac{4}{36}=\frac{1}{9}$

（ $\frac{1}{9}$ ）

(2) 3枚のコインを同時に投げるとき，2枚が表で1枚が裏となる確率を求めなさい。

3枚のコインをA，B，Cとする。表を○，裏を×として樹形図をかくと，右の図のようになる。表と裏の出方は8通り。
2枚が表で1枚が裏となるのは＊の3通り。

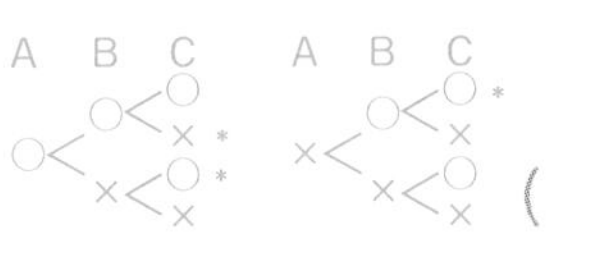

（ $\frac{3}{8}$ ）

(3) 5本のうちあたりが3本入っているくじがある。このくじを姉が1本ひき，それをもどさずに妹が1本ひくとき，少なくとも1人はあたりをひく確率を求めなさい。

あたりを❶❷❸，はずれを④⑤とする。姉が❶をひくとき，妹は❷，❸，④，⑤の4通りある。
同様に，姉が❷，❸，④，⑤のときも妹は4通りずつあるから，2人のくじのひき方は，全部で
4×5＝20(通り)　このうち，2人ともはずれとなるのは，
〔姉，妹〕＝〔④，⑤〕，〔⑤，④〕の2通りだから，2人ともはずれを
ひく確率は，$\frac{2}{20}=\frac{1}{10}$　したがって，求める確率は，$1-\frac{1}{10}=\frac{9}{10}$

（ $\frac{9}{10}$ ）

4 次の問いに答えなさい。　各10点×2（20点）

(1) ある中学校で，全校生徒480人が夏休みにスポーツをした時間を調べるため，80人を対象に標本調査を行うことにした。次の**ア**～**エ**の中から，標本の選び方として最も適切なものを1つ選び，記号で答えなさい。

ア　生徒に調査への参加をよびかけ，応募してきた中から先着順に80人を選ぶ。
イ　運動部員250人の中から，くじびきで80人を選ぶ。
ウ　全校生徒480人に通し番号をつけ，乱数さいを使って80人を選ぶ。
エ　3年生160人に通し番号をつけ，通し番号が奇数の80人を選ぶ。

標本は，母集団の性質と大きくくい違うことのないように，かたよりなく選ぶ必要がある。
アは積極的に参加したい人だけ，イは運動部員だけ，エは3年生だけから
それぞれ選ぶことになり，全校生徒を代表しているとはいいがたい。

（ ウ ）

(2) 箱の中に同じ白玉だけがたくさん入っている。その個数を調べるため，白玉と同じ大きさの黒玉を60個入れてよくかき混ぜてから，20個の玉を無作為に取り出したところ，黒玉が3個入っていた。はじめに箱の中に入っていた白玉は，およそ何個と考えられるか。

はじめに箱の中に入っていた白玉の個数をx個とする。
母集団と標本で，白玉と黒玉の個数の比は等しいと考えられるから，
$x:60=(20-3):3$　$3x=60\times17$　$x=340$

（ およそ340個 ）

3 (1)2つのさいころを投げたときの確率についての問題は，入試の定番。よく練習しよう。
(2)3枚のコインをA，B，Cのように区別して考えること。
(3)3本のあたりくじと2本のはずれくじをそれぞれ区別する。

アドバイス
(Aの起こらない確率)
＝1－(Aの起こる確率)
だから，「少なくとも1つは○○である確率」は，1から「1つも○○でない確率」をひけばよい。

4 (1)標本をかたよりなく取り出すことを「無作為に抽出する」という。
(2)はじめに箱の中に入っていた白玉に60個の黒玉を加えたものが母集団で，そこから取り出した20個が標本になる。母集団と標本で，白と黒の玉の個数の比が等しいと考える。

入試チャレンジテスト 数学　解答と解説

		解答	採点基準	正誤（○×）を記入	配点		
1	(1)	① -4　② $-6xy$　③ $\sqrt{5}$			各5	計15	25
	(2)	$(x-1)(x+6)$			5	5	
	(3)	7			5	5	
2	(1)	$x=\frac{-9\pm\sqrt{53}}{2}$			5	5	35
	(2)	$y=\frac{6}{x}$			5	5	
	(3)	$\frac{1}{4}$			5	5	
	(4)	① A　② 0.36	完答		5	5	
	(5)	$16\pi\,\mathrm{cm}^2$			5	5	
	(6)	28度			5	5	
	(7)				5	5	
3		（式と計算）$\begin{cases}5x+8y=70\cdots①\\3x+5y=43\cdots②\end{cases}$ ①×3　$15x+24y=210$ ②×5　$-)\ 15x+25y=215$ $-y=-5$ $y=5$ $y=5$ を①に代入すると， $5x+40=70$ $5x=30$ $x=6$ 答　Mサイズのレジ袋…　6枚 Lサイズのレジ袋…　5枚	完答。計算手順が違っていても正しい計算であれば正答。		5	5	5
4	(1)	$a=\frac{1}{2}$			5	5	15
	(2)	8			5	5	
	(3)	12			5	5	
5		（証明）　△ABFと△DBGにおいて， 仮定から，　AB＝DB　…① ∠BAF＝∠BDG　…② ∠ABC＝∠DBE　…③ ∠ABF＝∠ABC－∠CBE　…④ ∠DBG＝∠DBE－∠CBE　…⑤ ③，④，⑤より，∠ABF＝∠DBG　…⑥ ①，②，⑥より，1組の辺とその両端の角がそれぞれ等しいから， △ABF≡△DBG 合同な図形の対応する辺は等しいから， AF＝DG	完答。論理的に正しい証明であれば正答。		5	5	5
6	(1)	$r=\frac{3}{2}$			5	5	15
	(2)	$3\sqrt{2}\,\mathrm{cm}$			5	5	
	(3)	$4\sqrt{2}\pi\,\mathrm{cm}$			5	5	

問題	1	2	3	4	5	6	合計
得点							

※この「解答と解説」は，各都道府県の解答例をもとに文理編集部が作成したもので，内容に関する一切の責任は文理編集部にあります。

1 (1)① $-9-(-5)=-9+5=-4$

② $24xy^2\div(-8xy)\times 2x=-\dfrac{24xy^2\times 2x}{8xy}$

$=-6xy$

③ $\sqrt{45}-\dfrac{10}{\sqrt{5}}=\sqrt{3^2\times 5}-\dfrac{10\times\sqrt{5}}{\sqrt{5}\times\sqrt{5}}$

$=3\sqrt{5}-\dfrac{10\sqrt{5}}{5}=3\sqrt{5}-2\sqrt{5}=\sqrt{5}$

(2) 和が5，積が−6になる2数は−1と6だから，$x^2+5x-6=(x-1)(x+6)$

(3) $(7x-3y)-(2x+5y)=7x-3y-2x-5y$

$=5x-8y$

この式に $x=\dfrac{1}{5}$，$y=-\dfrac{3}{4}$ を代入すると，

$5\times\dfrac{1}{5}-8\times\left(-\dfrac{3}{4}\right)=1+6=7$

2 (1) 解の公式より，

$x=\dfrac{-9\pm\sqrt{9^2-4\times 1\times 7}}{2\times 1}=\dfrac{-9\pm\sqrt{53}}{2}$

(2) 式を $y=\dfrac{a}{x}$ とする。$x=3$ のとき $y=2$ だから，$2=\dfrac{a}{3}$　$a=6$　よって，式は $y=\dfrac{6}{x}$

(3) 2つのさいころの目の出方は，下の表より，

$6\times 6=36$(通り)

そのうち，大きいさいころの目の数が小さいさいころの目の数の2倍以上となるのは○印をつけた9通り。

大＼小	1	2	3	4	5	6
1						
2	○					
3	○					
4	○	○				
5	○	○				
6	○	○	○			

よって，確率は，

$\dfrac{9}{36}=\dfrac{1}{4}$

(4) 150g以上250g未満の階級の相対度数は，

Aの畑…$\dfrac{18}{50}=0.36$　Bの畑…$\dfrac{28}{80}=0.35$

(5) $4\pi\times 2^2=16\pi(\text{cm}^2)$

(6) BとDを結ぶ。線分ABは直径だから，$\angle\text{ADB}=90°$　また，$\overset{\frown}{\text{AD}}$に対する円周角だから，$\angle\text{ABD}=\angle\text{ACD}=62°$　よって，

△ABDで，$\angle\text{BAD}=180°-(90°+62°)=28°$

(7) 折り目の線は，線分BDの垂直二等分線になる。

3 ペットボトルの本数より，$5x+8y=70$　…①

レジ袋の代金より，$3x+5y=43$　…②

①，②を連立方程式として解く。

4 (1) A(2, 2)は，関数 $y=ax^2$ のグラフ上にあるから，$2=a\times 2^2$　$4a=2$　$a=\dfrac{1}{2}$

(2) $y=\dfrac{1}{2}x^2$ に $x=4$ を代入する。$y=\dfrac{1}{2}\times 4^2=8$

(3) (2)より，C(4, 8)　同じようにして，点Bのy座標を求めると18だから，B(−6, 18)

2点B，Cを通る直線の傾きは，

$\dfrac{8-18}{4-(-6)}=-\dfrac{10}{10}=-1$

よって，この直線の切片をbとすると，直線の式は $y=-x+b$ とおける。この直線はC(4, 8)を通るから，$8=-4+b$　$b=12$

5 AF，DGをそれぞれ辺にもつ△ABFと△DBGに着目し，2つの三角形が合同であることを示す。

別解　△EBG≡△CBF を示して，AF=AC−CF，DG=DE−EG から AF=DG を導いてもよい。

6 (1) $\text{AB}=3+r\times 2+2r\times 2=6r+3(\text{cm})$

よって，$6r+3=12$　$6r=9$　$r=\dfrac{3}{2}$

(2) 右の図で，BCは容器の底面の半径，Oは大きい球の中心，ACは母線，Dは大きい球とACの接点を表す。

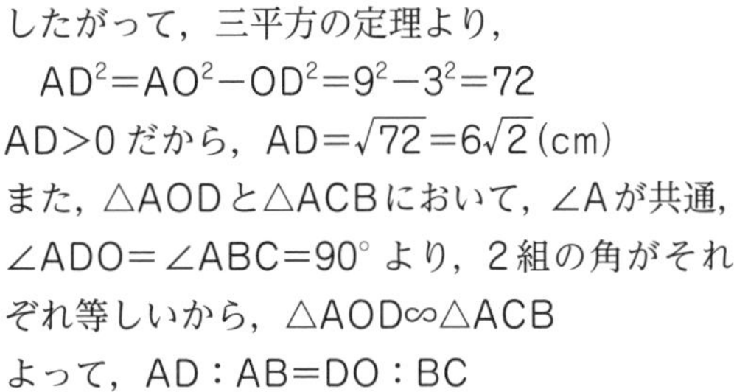

△AODは ∠ODA=90°の直角三角形で，

$\text{OD}=2r=3(\text{cm})$，

$\text{AO}=3+4r=9(\text{cm})$

したがって，三平方の定理より，

$\text{AD}^2=\text{AO}^2-\text{OD}^2=9^2-3^2=72$

AD>0 だから，$\text{AD}=\sqrt{72}=6\sqrt{2}(\text{cm})$

また，△AODと△ACBにおいて，∠Aが共通，∠ADO=∠ABC=90° より，2組の角がそれぞれ等しいから，△AOD∽△ACB

よって，AD：AB=DO：BC

$6\sqrt{2}:12=3:\text{BC}$　$\text{BC}=3\sqrt{2}(\text{cm})$

(3) (2)の図で，DからAOに垂線DEをひくと，

△DOE∽△AOD　DO：AO=DE：AD

$3:9=\text{DE}:6\sqrt{2}$　$\text{DE}=2\sqrt{2}(\text{cm})$

大きい球が容器の側面に接している部分はDEを半径とする円周になるから，その長さは，

$2\pi\times 2\sqrt{2}=4\sqrt{2}\pi(\text{cm})$

巻末の「ふりかえりシート」に，あなたの得点を記入しよう！

10日間ふりかえりシート

このテキストで学習したことを，❶～❸の順番でふりかえろう。

❶ 各単元の 問題を解こう の得点をグラフにして，苦手な単元は復習しよう。
❷ 付録の「入試チャレンジテスト」を解いて，得点をグラフにしよう。
❸ すべて終わったら，受験までの残りの期間でやることを整理しておこう。

❶ 得点を確認する

日目	学習日	単元	0	10	20	30	40	50	60	70	80	90	100
1日目	/	正負の数 / 式の計算											
2日目	/	多項式の計算 / 平方根											
3日目	/	1次方程式 / 連立方程式											
4日目	/	2次方程式											
5日目	/	比例と反比例 / 1次関数											
6日目	/	関数 $y=ax^2$											
7日目	/	図形											
8日目	/	合同 / 相似											
9日目	/	円 / 三平方の定理											
10日目	/	確率 / 統計											

0点～50点 ＼ファイト！／　51点～75点 ＼もう少し！／　76点～100点 ＼合格◎／

❷ テストの得点を確認する

	0	10	20	30	40	50	60	70	80	90	100
入試チャレンジテスト											

❸ 受験に向けて，課題を整理する

受験までにやること

-
-
-

1 0 9 8 7 6 5 4 3　＊ ＊ D C B A